新时代乡村振兴丛书

广东茶园杂草

生态模式构建与管控技术

周 波 唐劲驰◎主编

U0878064

SPM 南方出版传媒
广东科技出版社 | 全国优秀出版社
·广 州·

图书在版编目（CIP）数据

广东茶园杂草生态模式构建与管控技术/周波，唐劲驰主编．—广州：广东科技出版社，2020.12
（新时代乡村振兴丛书）
ISBN 978-7-5359-7576-8

Ⅰ．①广…　Ⅱ．①周…②唐…　Ⅲ．①茶园—杂草—防治—广东　Ⅳ．①S451.22

中国版本图书馆CIP数据核字（2020）第205906号

广东茶园杂草生态模式构建与管控技术
Guangdong Chayuan Zacao Shengtai Moshi Goujian yu Guankong Jishu

出 版 人：朱文清
责任编辑：区燕宜　于　焦
封面设计：柳国雄
责任校对：李云柯
责任印制：彭海波
出版发行：广东科技出版社
（广州市环市东路水荫路 11 号　邮政编码：510075）
销售热线：020-37592148 / 37607413
http://www.gdstp.com.cn
E-mail：gdkjcbszhb@nfcb.com.cn
经　　销：广东新华发行集团股份有限公司
印　　刷：广州市彩源印刷有限公司
（广州市黄埔区百合三路8号　邮政编码：510700）
规　　格：889mm × 1 194mm　1/32　印张 5.5　字数 140 千
版　　次：2020 年 12 月第 1 版
2020 年 12 月第 1 次印刷
定　　价：35.00 元

《广东茶园杂草生态模式构建与管控技术》
编　委　会

主　　编：周　波　唐劲驰

编写人员：唐　颢　黎健龙　陈义勇

曾兰亭　杨子银　刘嘉裕

赵文霞　陈汉林　黄海英

陈　勤　陈佳琳　赖榕辉

黄秀鑫　肖丽红

前 言

Qianyan

广东气候高温高湿，杂草周年发生，极大地增加了茶园管理的劳动量。许多茶园为解决劳动力短缺、管理成本过高的问题，大量使用化学除草剂来防治杂草，造成了茶园生态退化、病虫害高发、茶叶产量和品质下降等问题。近年来，随着消费者对产品安全和健康的重视程度不断提升，茶园生态管理理念逐渐得到茶农和茶叶企业的认可。由于缺乏系统有效的杂草生态管控技术，单纯依靠人力除草，成本大幅增加，占据了茶园日常管理成本的60%以上。同时，因缺乏科学指导，很多茶农将茶园内外杂草全部连根铲除，导致水土流失、土壤生态恶化。随着劳动力缺口的增大，茶园除草难题已成为影响茶产业可持续发展的关键问题之一。

杂草对茶树生长虽有不利影响，但其可以在茶园中发挥一定的生态功能。杂草生长可增强土壤生物活力，促进土壤物质循环；还可以提高土壤有机质含量，增加茶园生物多样性，提高茶树对环境的适应能力。另外，茶园杂草还能增加土壤覆盖度、涵养水源、防止水土流失等。因此，了解杂草的种类和发生规律，合理利用多种生态技术手段进行茶园杂草管控，既可以节省人工除草成本，又能充分发挥茶园杂草的生态功能，对推进生态茶园建设具有积极作用。

目前已出版的图书中针对茶园杂草防控的较少，并且防治技术以化学药剂除草为主，缺少系统的茶园杂草生态管控技术指引。茶园杂草管控与普通农田有较大差别，茶树为多年生灌木，因此茶园更有条件实施生态管控，而且杂草在茶园生态系统中发挥的作用更明显。在生态茶园的日常管理中，应摒弃传统农业“根除杂草”的观念，建立“杂草生态管控”的可持续发展理念。杂草生态管控对建立和维持一个良好的生态系统尤为重要。

本书主要围绕杂草对茶园生态的影响，以及如何有效进行杂草生态管控展开，重点介绍了广东茶园杂草主要类别，提出了系统实用的杂草生态管控技术方案，并配有茶园应用实例。全书图文并茂，内容通俗易懂，具有科学性和实用性，可供茶叶企业、茶农，以及相关技术推广、科研人员参考。由于作者知识水平有限，书中难免存在错漏，敬请各位专家和读者批评指正。

编　　者

2020年7月于广州

目　录

Mulu

第一章

茶园杂草概述

第一节　茶园杂草的定义

广义的杂草是指对人类活动不利或有害于生产场地的一切植物，主要为草本植物，也包括部分木本植物。全球经定名的植物有30多万种，认定为杂草的有8 000多种。在我国书刊中可查出的植物有36 000多种，含杂草119科1 200多种，其中茶园杂草约50科150～200种。

在传统茶叶生产中，杂草被视为阻碍茶树生长的大敌，其种类多、长势旺、防治难，与茶树争夺水、肥、生存空间，对茶树生长和茶园管理造成不利影响。而在生态农业的生产理念中，杂草是茶园生态系统的重要组成部分，作为构成茶园植物多样性的组分，可有效改变茶园生态系统结构，影响茶园中昆虫、微生物、小型哺乳动物等的物种多样性和数量配置，直接关系茶园生态系统的稳定性。同时，杂草还具有促进土壤养分循环、减缓土壤侵蚀、减少土壤水分蒸发等诸多生态功能。

茶园杂草泛指在茶园生态系统中自然产生的，并与茶树伴生的草本、木本等植物。茶园杂草可分为恶性杂草和普通杂草两大类。茶园恶性杂草指生长在茶园中，难于防治、传播迅速，并对茶树生长和茶园管理带来不利影响的杂草。这类杂草严重影响茶树生长，不仅造成茶叶减产和品质下降，甚至导致茶树直接死亡，主要包括植株高大、具攀缘性、根系发达的小灌木等植物。另外，值得注意的是普通杂草如果放任不管或者管理不当（如根除所有杂草或过分使用化学除草剂）也会影响茶树生长和茶园管理，带来病虫害高发，茶叶减产、品质下降等问题。

杂草对茶树生长和茶园管理既有负面影响也有积极作用。在茶园杂草管理上应改变对杂草传统的畏惧心态，摒弃“根除杂草”的观念，建立“杂草生态管控”的理念，运用生态学原理，以茶树为核心，因地制宜管理和控制茶园杂草生长，降低杂草的影响，充分发挥杂草在茶园中的生态功能，实现茶园生态系统的稳定和可持续发展，提升其生态产品的综合供给能力。就生态茶园而言，我们希望茶园是一个以茶树生长占优势，生物多样性较为丰富的平衡、稳定的生态系统。对于生长态势优于茶树的杂草种类给予适当抑制，对于不会对茶树造成威胁的杂草适当放松，对于部分绿肥类杂草甚至可以人工扩繁。通过一系列管控措施，使杂草种群为整个茶园生态系统的稳定发挥作用。

第二节　茶园杂草的负面影响

杂草是茶园生态系统的重要组成部分，对茶园系统的稳定及健康可持续发展具有重要作用。然而，茶园杂草对茶叶生产的威胁依然存在，特别是新辟茶园，在未封行的5年内，如果不进行适当管理，将会对茶树生长和茶园生态系统造成影响。特别是一些恶性杂草，即使单位面积内数量不多，其影响也相当大，可使茶树停止生长，严重的甚至造成茶树死亡、茶园荒芜。

失控的杂草会与茶树竞争水分、养分、光照。大多数杂草属于C4植物，具有较强的适应能力和生存能力，一旦杂草失控，必将与茶树争夺水分、养分和生存空间，严重影响茶树的正常生长，降低茶叶的产量和品质。首先，杂草根系发达，会深入土壤吸收大量水分和养分。据报道，野燕麦等杂草形成1千克干物质需要消耗400～500升水分，一株刺儿菜的成长大约需要从土壤中摄取9.8千克氮、8千克钾和2.6千克磷，水分和养分吸收量远高于茶树。其次，部分恶性杂草还会通过根系分泌某些物质，在一定程度上抑制茶树根系生长，同时还会改变土壤微生物群落结构，影响土壤微生态稳定，扰乱土壤养分供应。此外，株高较高或攀缘性的杂草会与茶树争夺阳光，比如多年生白茅和牵牛花等，长入茶树冠层会减少叶面光照面积，降低光合作用效率，影响茶叶产量和品质，严重的甚至会造成茶树死亡。失控的杂草还可能增加病虫害的传播，过密、过高的杂草会导致茶行通风不畅，为茶树病菌和害虫提供了生存和栖息场所，加剧了茶树病虫害的发生与传播，使茶树生长和茶园生产受到影响。

总之，杂草（特别是恶性杂草）如果得不到合理有效的管控，会大大增加茶园管理难度，增加生产成本，严重者会对茶叶产量和品质造成影响，甚至会造成茶树死亡。因此，系统有效的生态管控技术不仅是茶园杂草防控的需要，也是提升整个茶园生态管理水平，降低生产成本，提升茶叶产量和品质的有效手段。

第三节　茶园杂草的生态功能

杂草占据茶园生态系统中的主要生态位之一，合理管控，不仅可以将其负面影响降到最低，还可以充分发挥其有益的生态功能，促进形成良好的茶园生态系统。

杂草能减缓茶园地表径流、减少土壤水分蒸发。杂草能缓和暴雨对茶园地面的侵蚀，尤其对新垦或坡度较大的山地茶园更具有减少水土流失的作用，而且错综复杂的根系还具有吸收和涵养水分的功能。已清除杂草的茶园地表，在夏季阳光暴晒时温度要比空气温度高10℃以上。一旦地表温度达到45℃以上，土壤质地就会遭到破坏，同时茶树根系也会因高温干燥而受到灼伤，严重时会脱水死亡。杂草既可阻挡阳光直射，又可吸附空气中的水分，起到保水保湿的作用，具有很好的降温效果。生长在茶行、梯壁上株形矮小的嫩草和地稔等匍匐性杂草，都是茶园理想的活体覆盖物。

杂草可以促进土壤中的矿质元素和有机质等养分循环和能量转换。人为控制杂草高度、密度和种类，将割倒或拔除的杂草覆于地表，在微生物的作用下腐化入土，可提高地表土壤肥力。人为控制可以将杂草变成源源不断从不同深度土壤中向上抽取养分的通道，从而有效增加茶树根层土壤肥力，实现多元素全面供给。杂草多数是一年生草本植物，枯死后根系会在土壤中遗留下孔隙，水肥可通过孔隙下渗，保留在土层，逐渐被茶树吸收。同时，孔隙的形成可增强土壤的通气性，避免土壤板结，促使茶树的根系功能更发达。杂草将茶园中茶树以外的空间、光照、矿物质及养分充分利用起来，枯死后以腐殖质的形式返还土壤，为茶树生长提供了养分。

杂草的存在还可以增加茶园生物多样性，维护茶园生物群落结构稳定。生物多样性是维持生态系统平衡的必要条件，杂草为许多动物、微生物创造了有利的生存环境，从而在茶园内建立起丰富的生态群落，增强茶园的生物多样性，为茶园的生态平衡与可持续发展创造有利条件。杂草还能吸引多种昆虫，并为其提供生存环境，有利于害虫和天敌种群实现动态平衡。

第四节　茶园杂草的传统防治技术与存在问题

茶园杂草的传统防治技术与现代生态管控技术的区别主要是认识理念的差异，茶园杂草的传统防治过分强调杂草的负面影响，将杂草视为茶园生产的大敌，以清除为目的。

为达到清除的目的，一种方式是消耗大量的人工，将茶园内，包括茶行和梯壁，甚至茶园道路，所有杂草全部连根铲除，并将铲除的杂草焚烧，防止种子飘散在茶园（图1–1）。这种做法额外耗费了大量人工，更严重的是造成了茶园生态系统的破坏，容易导致水土流失、大面积病虫害暴发等生态问题。

图1-1　彻底清除杂草的茶园

另一种方式是使用化学除草剂（图1-2）。化学除草剂具有快速、高效、易操作的优点，曾被认为是一种最经济高效的方法，一度受到茶叶生产者的青睐而被广泛使用。但长期使用化学除草剂不仅会造成茶园环境污染、生物多样性减少和茶产品农药残留超标，还会导致杂草耐药性增强及群落变迁（图1-3）。据报道，过度依赖和长期使用化学除草剂导致印度东北部茶园抗药性杂草大量发生和发展，出现了杂草新品种；另外，斯里兰卡茶园耐除草剂的杂草种类也在3年内持续增加到76种。

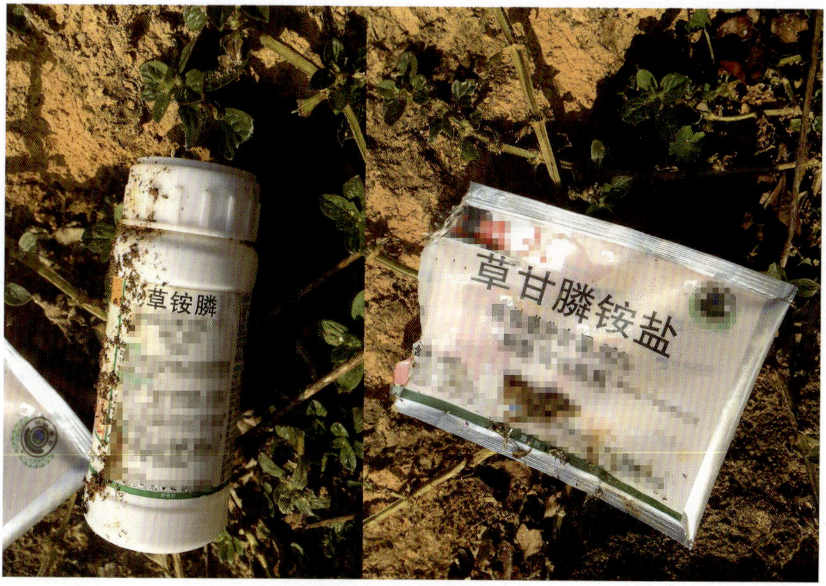

图1-2　化学除草剂

图1-3　使用除草剂后的茶园

第二章

广东茶园杂草发生规律与常见种类

第一节　广东主要茶区茶树栽培特点与杂草防控形势

广东位于华南地区，夏季时间长，水热资源充沛，为杂草的生长提供了天然优势，杂草防控形势尤为严峻。截至2018年，广东省茶园面积90.23万亩（亩为已废弃单位，1亩≈666.67米^2），总产量9.5万吨，茶园平均亩产量达105.29千克。目前，茶叶主产区集中分布在潮州、揭阳、梅州、河源、清远、湛江、肇庆、韶关、云浮9个市，合计茶园面积和茶叶产量分别占全省的92%、94%。茶叶生产区域特色鲜明，粤东茶区主要生产单丛茶（岭头单丛、凤凰单丛等）和炒青绿茶（客家炒绿）；粤北茶区主要生产以英红九号为代表的大叶种特色红茶，以及部分绿茶（沿溪山白毛尖），黄茶（蒲坑茶、大叶青），白茶（仁化白毛茶）等种类；粤西茶区主要生产大叶种绿茶，兼顾红茶和特色乌龙茶。

一、粤东茶区

粤东茶区主要包括潮州、梅州、河源、揭阳等核心产茶市及周边区域，该茶区的气候属于亚热带季风气候，是南亚热带和中亚热带气候区的过渡地带。该茶区大多山脉走向与海岸平行，从沿海向内陆依次有凤凰山、莲花山、阴那山、罗浮山、项山、桂山等，并形成梅江、西枝江、东江谷地。受太平洋和山地的特定地形影响，夏日长、冬日短，全年气温高，雨水丰盈且集中。该区域主产茶类为单丛茶和炒青绿茶。

该茶区地形以山地为主，土地资源紧缺，茶园多建设在海拔较高、坡度较大的陡峭山坡地，多数以梯田的形式开垦茶园，并且梯面比较窄，只能种植1～2行茶树（图2-1）。这就导致了茶园中茶树以外的裸露面积较大，并且梯壁的数量非常多，从而为杂草提供了充分的生存空间。单丛茶以单株栽培模式较为常见，种植密度较小，一般每亩800～1 200株，株型较高，单株栽培茶园株高可达3米以上。成龄采摘茶园也不会出现封行，采摘面离地面有一定距离，地面杂草可生长空间较大。炒青绿茶以客家地区当地群体种为主，该品种多为小叶种，一般植株矮小。加之该区域山地土壤肥力较差，茶树生长缓慢，较难形成高大的茶树采摘蓬面，增加了杂草的生长空间。另外，在炒青绿茶区，近20年逐渐引进了金萱、梅占等品种，金萱虽然本身树势较高，但是该区域的茶园土壤贫瘠，加之缺乏高效的种植管理技术，导致茶树普遍矮小，同样造成了大量裸露地面。

综上所述，粤东茶区茶园普遍存在裸露面积大、梯壁多等容易滋生杂草的不利因素。因此，该茶区的杂草管控难度相对较大。

图2-1　粤东茶区典型茶园景观

二、粤北茶区

粤北茶区主要包括清远、韶关、肇庆、云浮等核心产茶市，该茶区的气候属于南亚热带季风气候，与粤东茶区相比，距离海洋相对较远，海洋性暖湿气流减弱，冬季受北方寒流的影响增强。夏季高温多雨，冬季温和少雨，偶见极端寒冷天气。水热资源丰富，年平均气温为13～20℃，≥10℃的积温为4 000～6 500℃。该茶区主要由蔚岭—大庾岭、大东山—瑶岭—连山、螺壳山—南昆山—九连山三列弧形山脉组成。土壤主要为第4纪红壤土，土层深厚，土壤肥沃，适于茶树生长。

该茶区茶园地势相对平缓，基本都开垦在缓坡地，多数不用修建梯田，减少了很多梯壁面积（图2–2）。主要种植以英红九号为主的特色红茶品种，核心产区在英德，2018年英红九号种植面积达13.2万亩。英红九号属于大叶种，植株高大，加之种植管理技术较为成熟，茶树种植3～5年已基本封行，大大减少了茶园裸露面积。该区域杂草防控的重点是幼龄茶园，以及部分生长在茶行中的恶性杂草。

图2–2　粤北茶区典型茶园土壤剖面

三、粤西茶区

粤西茶区主要包括核心产茶市湛江、茂名、阳江及其周边市县。该茶区属于热带北缘季风气候，终年受海洋气候的调节，冬无严寒，夏无酷暑，年平均气温在22.7～23.5℃，由北向南递增，南北相差1.5℃。年平均降水量为1 395.5～1 723.1毫米，年平均日照时数为1 714.8～2 038.2小时。区域内没有高大的山脉，地形多为平原和台地，主要土壤类型为赤红壤、砖红壤。

该茶区主要生产大叶种绿茶兼顾红茶和特色乌龙茶，种植茶树品种主要包括金萱、鸿雁12号等。茶园地势相对平坦，较少见梯田（图2–3）。茶树株型一般比较高大，成龄后易形成宽大采摘蓬面，杂草防控相对比较容易，主要防控难度集中在幼龄茶园及茶园周边沟垄。此外，由于雨水光热资源充沛，恶性杂草数量较多、生长较快，也是杂草防控过程中应注意的问题。

图2–3　粤西茶区典型茶园景观

第二节　广东茶园杂草的发生特点

广东茶园杂草以一年生杂草为主，约占70%，多年生杂草约占17%，越年生杂草约占13%。一般平地茶园杂草多于山地茶园；幼龄茶园杂草多于成龄茶园；管理粗放茶园杂草多于正常管理茶园。新垦茶园杂草数量最多、密度最大，其数量往往是正常茶园的8~10倍。广东茶园杂草的发生主要表现出如下特点。

一、杂草种类多且适应性和繁殖力强

广东主要茶区均具有较充足的水热资源，这导致了茶园杂草的数量和种类都明显多于其他省份茶区。茶园杂草在长期的生长发育过程中，逐渐形成了适应性广、繁殖力强、种子寿命长等特性。一旦管控措施不当，杂草可迅速蔓延，甚至覆盖整个茶树行间与蓬面，严重影响茶树生长。

二、生长期长并呈季节性动态变化

广东夏季时间长，全年阳光充足，一年四季均有茶园杂草发生，其中越年生和多年生杂草几乎全年发生。春季杂草的发生主要受温度影响，夏秋季杂草主要受水分影响，春季气温高，夏秋季雨水充沛时，杂草生长旺盛，为害严重。不同季节优势杂草种群交替出现，表现出很强的季节性动态变化，一年内有4~5个发生高峰。春季高峰多集中在3—4月、5—6月，优势杂草包括小飞蓬、白茅、香附子、酢浆草、车前草等。夏秋季高温多雨，因而7—8月、9—10月易形成第3、第4个发生高峰。高峰期间，杂草生长快、植株高，且生物量大，尤以恶性杂草为主，主要的常见杂草有狗尾草、艾蒿、鸭跖草、马唐、牛筋草等。由于茶园杂草发生量大，如不及时防治，许多杂草如乌蔹莓、鸭跖草等常伸出蓬面，与茶树争夺阳光、水、肥，严重影响茶树生长。暖冬年份还会在11—12月出现高峰，以越年生和多年生杂草为主。

三、受垦种前植被和茶园环境影响大

广东近10年新垦茶园面积占比大，并且多为山地茶园。茶园杂草的种类与垦种前原有植被的种类有关，如由长茅草的荒坡垦建而成的茶园，其茅草的发生量较大；由灌木坡地垦建而成的茶园，则多蕨类、小竹等杂草。种植数年之后，茶园土壤熟化程度提高，蓼草、飞蓬等迅速转为优势种。茶园投产后，土壤肥力进一步加强，喜肥的杂草如马唐、狗尾草、牛筋草等开始大量滋生繁殖。在潮湿的茶园，以香附子、酢浆草、鸭跖草为主。在衰老茶园中，一些攀缠性杂草如乌蔹莓、牵牛等数量会增加。茶园杂草因不同茶区的气候、土壤条件和管理方式不同，也存在一些差异。一般生态条件较好的地区，杂草的种类和数量往往较多。

第三节　广东茶园常见杂草种类

广东所在的华南地区常年高温多雨，水热资源丰富，是我国茶园杂草发生种类最多的一个茶区。据调查，在华南茶区发现的杂草35科94属140多种，而且还不断有新发现的草本及小灌木类杂草。杂草主要是禾本科、菊科、豆科等植物，从杂草管控难易程度来分，可以概括为恶性杂草和普通杂草。现将在广东茶园中发生频率较高的恶性杂草和普通杂草汇总如下。

一、恶性杂草

（一）百合科

菝葜（*Smilax china* Linn.）

百合科菝葜属。多年生藤本落叶攀附植物，茎1～3米。对土壤的适应性较强，喜疏阴环境，忌阳光直射，喜温暖，较耐寒。典型的茶园恶性杂草，若在非茶行范围生长，可地栽、棚架，作为绿篱使用。

茎

生境

植株

（二）大戟科

叶下珠（*Phyllanthus urinaria* Linn.）

大戟科叶下珠属，别名珠仔草、假油甘、龙珠草等。一年生草本植物，高10～60厘米。多生长在温暖湿润、pH 5.8～7的疏松土壤中，稍耐阴。分布于华东、华中、华南、西南等地。在广东茶园中多有分布，易对茶树生长造成影响，特别是幼龄茶树。

植株

果实

（三）豆科

1. 决明（*Cassia tora* Linn.）

豆科决明属。一年生亚灌木状草本植物，高2米。决明在植物群落里生命力极其旺盛，在茶园中常与茶树争夺营养。阳光充足、温暖湿润的环境有利于其生长，对土壤的要求不高，一般沟坡均可生长，是水土保持的好材料，若生长在茶园梯壁，则可以保留。

植株

花

果实

2. 鸡血藤（*Spatholobus suberectus* Dunn）

豆科密花豆属，别名九层风、三叶鸡血藤、密花豆等。攀缘藤本，幼时呈灌木状。花期6月，果期11—12月。分布于广东、广西、云南等地。入侵茶园会严重影响茶树生长。

生境

植株

嫩茎

（四）凤尾蕨科

半边旗（*Pteris semipinnata* Linn.）

凤尾蕨科凤尾蕨属。陆生植物，高1.2米。根状茎长而横走，叶簇生，叶柄长15～55厘米。多生于疏林下、溪边、岩石旁及海拔850米以下的酸性土壤中。生存繁殖能力强，是难以根除的茶园杂草。

植株

叶片

生境

（五）金星蕨科

华南毛蕨［*Cyclosorus parasiticus*（Linn.）Farw.］

金星蕨科毛蕨属。高70厘米，根状茎横走，繁殖能力较强。多生于阴湿环境。对茶园为害大，难以彻底清除。

植株

生境

植株

（六）禾本科

1. 白茅［*Imperata cylindrica*（Linn.）P. Beauv.］

禾本科白茅属。多年生草本植物，茎直立，形成疏丛，高30～80厘米。适应性强，耐阴、耐贫瘠和干旱。在适宜的条件下，根状茎可长2～3米，能穿透树根，断节再生能力强。其根状茎蔓延力强，用在茶园梯壁上是很好的水土保持植物，但需在结种前剪除，避免种子飘散到茶行。白茅是为害茶园的恶性杂草，也是世界范围内著名的恶性杂草之一。

生境1

生境2

2. 五节芒［*Miscanthus floridulus*（Lab.）Warb. ex Schum. et Laut.］

禾本科芒属。多年生草本植物，具发达根状茎，根鞭向四周蔓延，可以迅速占领茶园生态位，需及时清除。耐旱性较强，能够截留雨水、涵养水源，防止表土流失和滑坡，具有较高的水土保持价值。若用作茶园水土保持材料，需严密监控，防止开花结种。

花序

生境

植株

（七）锦葵科

1. 地桃花（*Urena lobata* Linn.）

锦葵科梵天花属，别名肖梵天花。直立亚灌木状草本植物，高1米。生于干热的空旷地、草坡或疏林下，我国长江以南地区均有分布。生长在茶行会与茶树争肥，并且遮挡茶树，需及时清除。

花序

生境

植株

植株

2. 黄花稔（*Sida acuta* Burm. f.）

锦葵科黄花稔属。直立亚灌木状草本植物，高1～2米。生于山坡灌丛间，路旁或荒坡。原产于印度，在我国分布于福建、台湾、广东、海南、广西和云南等地。茶园内聚集较多时，为害性较大。

花

生境

（八）葡萄科

乌蔹莓［*Cayratia japonica*（Thunb.）Gagnep.］

葡萄科乌蔹莓属，别名乌蔹草、五爪龙、母猪藤、五叶梅等。草质藤本植物。喜光耐半阴，好湿耐旱，不耐寒。为典型茶园恶性杂草，需及时清除。

植株

茎、叶

生境

（九）蔷薇科

1. 粗叶悬钩子（*Rubus alceifolius* Poir.）

蔷薇科悬钩子属。落叶攀缘灌木，高5米。多生于海拔500～2 000米的向阳山坡。我国分布在广东、广西、贵州、云南、江西、湖南、福建、台湾等地。为典型茶园恶性杂草，需及时清除。

生境

叶

茎

2. 锈毛莓（*Rubus reflexus* Ker.）

蔷薇科悬钩子属。落叶灌木植物。生于林下、林缘或较阴湿处，海拔300～1 500米处较多见。对茶树生长具有较大为害性。

叶

生境

（十）茄科

1. 苦蘵（*Physalis angulata* Linn.）

茄科酸浆属。一年生草本植物，高30～50厘米。茎多分枝，分枝纤细，密集丛生可对茶树生长造成较大影响。

花

果

生境

植株

2. 龙葵（*Solanum nigrum* Linn.）

茄科茄属，别名野海椒、野茄秧、谷奶子。一年生草本植物，高30～120厘米。对土壤要求不严，适宜pH 5.5～6.5的土壤，我国各地均有分布。对幼龄茶园具有较大为害性。

花

生境

植株

（十一）旋花科

1. 篱栏网［*Merremia hederacea*（Burm. f.）Hallier f.］

旋花科鱼黄草属。缠绕或匍匐草本植物，匍匐时下部茎上生须根。一般生于灌丛和路旁草丛。为典型茶园恶性杂草，在茶行内发现需及时铲除。

植株

花序

茎

生境

植株

2. 毛牵牛［*Ipomoea biflora*（Linn.）Pers.］

旋花科番薯属。攀缘或缠绕草本植物。为典型茶园恶性杂草，在茶园周边可做篱笆，但茶行及附近出现时需立即铲除。

花、叶

花、茎

生境

3. 牵牛［*Pharbitis nil*（Linn.）Choisy］

旋花科牵牛属，别名裂叶牵牛、牵牛花、喇叭花。一年生缠绕草本植物。适应性较强，喜阳光充足，不耐寒，能耐水湿和干旱，较耐盐碱。种子发芽适合温度18～23℃，幼苗在10℃以上即可生长。为典型茶园恶性杂草。

花

生境

植株

（十二）荨麻科

苎麻［*Boehmeria nivea*（Linn.）Gaudich.］

荨麻科苎麻属，别名野麻、野苎麻、家麻、苎仔、青麻、白麻等。亚灌木或灌木植物，高0.5～1.5米。枝繁叶茂、根系发达，影响茶树生长，但治理水土流失的效果显著。

叶

生境

（十三）菊科

1. 鬼针草（*Bidens pilosa* Linn.）

菊科鬼针草属，别名婆婆针。一年生草本植物，茎直立，高30～100厘米。一般4月发芽，5月为发生高峰期，8—10月为结实期。种子可借风、流水与粪肥传播，经越冬休眠后萌发。根系发达，吸收土壤水分和养分的能力很强，而且生长优势强，耗水、耗肥，常超过茶树生长的消耗。若在茶行大量聚集或植株高出茶树，则会干扰并限制茶树的生长。

生境

花

茎、叶

果实

植株

2. 小蓬草［*Conyza canadensis*（Linn.）Cronq.］

菊科白酒草属。一年生草本植物，茎直立，高50～100厘米。花期5—9月，可产生大量瘦果，蔓延极快，可通过分泌化感物质抑制邻近其他植物的生长，对茶园为害严重。

植株

花序

生境

（十四）茜草科

阔叶丰花草［*Borreria latifolia*（Aubl.）K. Schum.］

茜草科丰花草属。主要在夏秋季节发生，具有惊人的繁殖能力，其幼苗一旦长出即迅速生长，并形成很大的种群。斩断的茎节仍能长成新的植株，一旦条件适宜，便可再次发生为害，对茶树尤其是幼龄茶树造成较大为害。同时，它还能在生长的环境中分泌一种有毒物质，抑制其他种类植物的生长，从而达到快速扩张和群集生长的目的，被称为“草中鲨鱼”。

茎

生境

植株

（十五）苋科

喜旱莲子草［*Alternanthera philoxeroides*（Mart.）Griseb.］

苋科莲子草属，别名空心莲子草。多年生草本植物，茎基部匍匐，长55～120厘米。水陆均可生长，可塑性和入侵性很强，可入侵多种生境，生长迅速，难以控制，对入侵地的生物多样性、生态系统和社会经济造成很大的影响。是中国亚热带及温带地区一种严重的外来入侵杂草，2003年时被列入“中国第一批外来入侵物种名单”。

生境

植株

二、普通杂草

（一）车前科

车前（*Plantago asiatica* Linn.）

车前科车前属，别名车前草、车轮草等。二年生或多年生草本植物。适应性强，耐寒、耐旱，对土壤要求不严，微酸性的沙质冲积壤土较好。以种子繁殖，春季出苗，花期6—9月，果期7—9月。植株较小，对茶园为害不大。

花序

生境

植株

（二）禾本科

1. 弓果黍［*Cyrtococcum patens*（Linn.）A. Camus.］

禾本科弓果黍属。一年生植物，秆较纤细，花枝高15～30厘米。我国分布在江西、广东、广西、福建、台湾和云南等地。在茶园内可作林下观赏植物。

植株

生境

花序

2. 狗尾草［*Setaria viridis*（Linn.）Beauv.］

禾本科狗尾草属。一年生草本植物，根为须状，高大植株具支持根，高10～100厘米。种子可借风、流水与粪肥传播，经越冬休眠后萌发。根系发达，吸收土壤中水分和养分的能力很强。狗尾草的生长优势强，若高出茶树，则会干扰茶树生长。

3. 光头稗［*Echinochloa colonum*（Linn. ）Link.］

禾本科稗属，别名芒稷、扒草、穇草。一年生草本，秆直立，高10～60厘米。种子萌发温度为13～45℃，适宜的土壤深度1～2厘米，子实在湿润土壤深层可存活10年之久。属于对茶树影响较小的一类杂草。

4. 马唐［*Digitaria sanguinalis*（Linn.）Scop.］

禾本科马唐属，别名鸡爪草、抓地龙等。一年生草本，秆直立，高10～80厘米。马唐是一种生态幅相当宽的植物，从温带到热带的气候条件均能适应。它喜湿、好肥、嗜光照，对土壤要求不严格，在弱酸、弱碱性的土壤中均能良好地生长。种子传播快，繁殖力强，植株生长快，分枝多。在撂荒或弃垦的裸地上，往往成为植被演替的先锋种之一，甚至能形成以马唐为优势的先锋群落。若及时控制，对茶园为害不大。

花序

生境

植株

5. 牛筋草［*Eleusine indica*（Linn.）Gaertn.］

禾本科穇属。一年生草本植物，秆丛生，高10～90厘米。根系发达，吸收土壤水分和养分的能力很强，对土壤要求不高，需要的光照比较强。若大量聚集在茶行，会对茶树生长造成一定影响。

花序

生境

植株

6. 竹叶草［*Oplismenus compositus*（Linn.）Beauv.］

禾本科求米草属。秆较纤细，基部平卧地面，节着地生根，上升部分高20～80厘米。全世界东半球热带地区都有分布，在我国分布于长江流域及南部，主要为江西、四川、贵州、台湾、广东和云南等地。

花序

茎节

生境

植株

（三）菊科

1. 一点红［*Emilia sonchifolia*（Linn.）DC.］

菊科一点红属，别名红背草、绒花、叶下红等。一年生草本植物，根垂直，茎直立或斜升，高25～40厘米。适宜生长的温度为20～32℃，较耐旱、耐瘠，能于干燥的荒坡上生长，不耐渍，忌土壤板结。常侵入茶园为害，但发生量小，为害轻。

叶

花序

生境

植株

植株

2. 艾蒿（*Artemisia argyi* Levl. et Van）

菊科蒿属，别名艾草、香艾、医草等。多年生草本植物，高50～100厘米。生于低海拔至中海拔地区，局部地区为植物群落的优势种。艾蒿适生性强，喜阳光，耐干旱，较耐寒，对土壤条件要求不严，常在茶园中生长，发生量较大，若管控不当会为害茶园。适当管控，可作为茶园间作植物。

茎

花序

生境

3. 黄鹌菜［*Youngia japonica*（L.）DC.］

菊科黄鹌菜属。越年生草本植物，茎直立，高10～100厘米。以种子繁殖，秋季发芽出苗，以幼苗越冬，4—9月开花、结果。对温度、湿度无太多要求，具有很强的适应性。种子边成熟边脱落，借冠毛随风传播，对茶园为害较轻。

植株

花

生境

4. 藿香蓟（*Ageratum conyzoides* Linn.）

菊科藿香蓟属。一年生草本植物，无明显主根，高50～100厘米。喜温暖、阳光充足的环境，对土壤要求不严。不耐寒，在酷热下生长不良。原产于南美洲中部，现广泛分布于我国广东、广西、云南、贵州等地。根系较浅，冬季会枯死，适当控制高度可作为茶园间作植物。

植株

生境

花序

茎、叶

植株

5. 假臭草［*Praxelis clematidea*（Griseb.）R. M. King et H. Rob.］

菊科假臭草属。一年生或短命的多年生草本植物，茎直立，高30～100厘米，多分枝。花期一般为5—11月，种子成熟和飘落通常贯穿夏、秋季，传播能力极强，在适宜条件下，种子全年可以萌发。原产于南美洲，现散布于东半球热带地区，在我国广东、福建等地广泛分布。适应性强，对土壤及水分条件要求不严，适当管控可作为茶园间作植物。

叶

花序

生境

6. 蟛蜞菊［*Sphagneticola calendulacea*（Linn.）Pruski］

菊科泽菊属。多年生草本植物，茎匍匐，上部近直立，长15～50厘米。适应性、侵占性强，能与多种杂草竞争。对光照反应不敏感，在各类瘦瘠土壤中均可生长。一般生长于道路、水沟、农田边缘，可作为茶园周边美化环境的植物。

花

生境

植株

7. 野茼蒿［*Crassocephalum crepidioide*（Benth.）S. Moore］

菊科野茼蒿属。直立草本植物，高达120厘米。喜温暖、湿润、肥沃的土壤，常生于海拔300～1 800米的荒地路旁、水旁或灌丛中。一般发生量不大，茶园为害较轻。

花序

幼苗、叶

生境

植株

（四）爵床科

狗肝菜［*Dicliptera chinensis*（Linn.）Juss.］

爵床科狗肝菜属。一年生或二年生草本植物，高30～80厘米。主要分布于我国广东、广西、福建等地。多生于路边及水沟边阴湿处，对茶树为害性不强。

植株

花序

生境

（五）蓼科

1. 火炭母（*Polygonum chinense* Linn.）

花序

蓼科蓼属。多年生草本植物，高可达1米。常生于山坡、疏林、路旁，少量聚集对茶园为害性不强。

生境

植株

2. 长鬃蓼（*Polygonum longisetum* De Br.）

蓼科蓼属。一年生草本植物，茎直立分枝，高30～50厘米。阳生植物，稍耐阴，耐寒，也耐热，不择土壤，耐干旱瘠薄，潮湿处也能生长。本种株形低矮，花序密集，盛开时如粉红色的花毯，覆盖性好，适应性强。可作茶园环境美化植物。

花序

植株

（六）伞形科

1. 积雪草［*Centella asiatica*（Linn.）Urban］

伞形科积雪草属。多年生草本植物，茎匍匐，细长，节上生根。花果期4—10月，性喜温暖潮湿，耐阴、耐湿，稍耐旱，适应性强，繁殖迅速。基本不会为害茶树。

叶

生境

植株

2. 天胡荽（*Hydrocotyle sibthorpioides* Lam.）

伞形科天胡荽属。多年生草本植物，有气味，茎细长而匍匐，平铺地上，成片，节上生根。基本不会为害茶树。

植株

生境

（七）莎草科

香附子（*Cyperus rotundus* Linn.）

莎草科莎草属。秆稍细弱，高15～95厘米。茶行中易高发，注意控制高度，适时刈割或翻除，为害不大。

（八）十字花科

蔊菜［*Rorippa indica*（Linn.）Hiern.］

十字花科蔊菜属。越年生直立草本植物，高20～40厘米。全草入药，有清热解毒、散热消肿等功效。全年均可发生，但对茶园为害不大，适当管控可作为绿肥植物。

植株

花序

生境

（九）梧桐科

马松子（*Melochia corchorifolia* Linn.）

梧桐科马松子属。半灌木状草本植物，高30～100厘米，多分枝。长江以南各地多有分布，路旁草丛生长较多，对茶树为害程度较小。

花、叶

果实

生境

植株

（十）苋科

皱果苋（*Amaranthus viridis* Linn.）

苋科苋属。一年生草本植物，高40～80厘米。喜光性很强，耐干旱、瘠薄、酸性土壤，也耐盐碱，但怕涝、怕霜冻，对土壤肥力消耗大。广泛分布于温带、亚热带和热带地区。种子产量高，寿命长，传播方式多样，可伴随自然界的风力、水力，以及人类或动物传播。

花序

生境

植株

（十一）玄参科

1. 母草［*Lindernia crustacea*（Linn.）F. Muell］

玄参科母草属。一年生草本植物，须状根，高10～20厘米。热带亚热带地区广泛分布，株型不高，对茶树影响不大。

植株

2. 野甘草（*Scoparia dulcis* Linn.）

玄参科野甘草属。直立草本植物或半灌木状，高1米。一般性杂草，喜生于湿润环境。适当控制高度，植株过高的可拔除。

（十二）鸭跖草科

1. 饭包草（*Commelina bengalensis* Linn.）

鸭跖草科鸭跖草属。多年生披散草本植物，茎大部分匍匐，长70厘米。热带、亚热带地区广泛分布，多生长在潮湿茶行，以种子繁殖，花期夏秋季。生物量大，及时收割可作绿肥。

植株

花序

生境

2. 鸭跖草（*Commelina communis* Linn.）

鸭跖草科鸭跖草属，别名碧竹子、翠蝴蝶、淡竹叶等。一年生披散草本植物，茎匍匐生根，多分枝，长可达1米。花果期6—10月，适应性强，在全光照或半阴环境下都能生长。对土壤要求不严，耐旱性强，土壤略微湿润即可生长。

茎、叶

生境

植株

（十三）野牡丹科

地菍（*Melastoma dodecandrum* Lour.）

野牡丹科野牡丹属。匍匐状小灌木，长10～30厘米。喜生长在酸性土壤中，生活力极强，具有耐寒、耐旱、耐瘠、生长迅速等特点，甚至在石缝中亦能很好地生长开花。可作为茶园梯壁水土保持植物。

植株

果实

花

生境

（十四）酢浆草科

酢浆草（*Oxalis corniculata* Linn.）

酢浆草科酢浆草属。多年生草本植物，高10～35厘米。喜向阳、温暖、湿润的环境，抗旱能力较强，不耐寒，夏季有短期的休眠。为常见茶园杂草，全草有毒，人、畜大量食后会中毒。可作为茶园环境美化植物。

植株

花序

生境

第三章

茶园杂草生态管控

第一节 茶园杂草生态管控理念

杂草对茶园而言是一把双刃剑，如何兴利除弊，在规避其负面影响的同时，最大程度地发挥其正面生态效应？这就要求我们必须在了解杂草发生特点的基础上，结合茶园生产现状，以及茶园地理环境和成本控制等因素，制定合理的管控策略。管控杂草不是为了消灭杂草，而是使杂草群落保持在不影响或少影响茶树生长的允许水平内。在此基础上，充分利用杂草的生态功能，为茶叶优质高产服务。

一、草木共生理念

“草木共生”，与杂草化敌为友。抛开杂草的诸多生态功能不谈，茶农对茶园杂草最大的忌惮在于杂草会与茶树争肥、争水、争空间。杂草生长会吸收一定的营养，但忽略了杂草同样也是生产者。通过光合作用可以固定太阳能，根据物质守恒定律，杂草吸收的营养最终会随着杂草的死亡返回到土壤中，并且杂草固定的有机碳也会一同进入土壤中，而这也是维持土壤微生态的重要物质和能量来源。良好的土壤微生态是茶树健康生长的前提，因此杂草和茶树完全可以和平共处。不过，草茶共生并不是放任不管，还需采取适当措施，防止杂草种群过度强大，挤占茶树生存空间。严防杂草过高影响茶树光合作用，特别是幼龄或台刈茶园。杂草过高则会遮盖低矮、幼龄茶树，影响茶树的光合作用，严重时会导致茶树停止生长，甚至荫蔽而死，要准确限定杂草的高度和种类。

首先，杂草一般吸收表层0～10厘米的土壤养分，其根系伸展范围不大，但茶树冠层下的杂草过多则可能出现争水、争肥的现象。为防止这一现象，应定期铲除茶树冠层下的杂草，特别是树根四周15～20厘米的杂草。其次，要进行选择性除草，及时清除出现在茶行中具攀缘性、植株高大、根系发达的恶性杂草。并且要不定期的巡查，特别是幼龄茶园，一经发现立即清除。再次，定期割草，控制普通杂草长势。当普通杂草高度达到茶树高度的2/3时，就应当及时剪割控制高度。配合选择性除草，每年应进行1～3次整体杂草割除。连续管控3～5年后，伴随着茶树生长，割草次数可以适当减少。

二、杂草种群生态位配置

生态位是物种属性特征的表现，它可以定量反映某个杂草种群与整个茶园生境的相互作用关系。在自然状况下，生态位接近的两个种很少能长期稳定地共存，这主要是因为生态位重叠带来的资源共享与竞争。从资源利用的角度来看，生态位重叠较大的两个种群，要么对资源的利用有较大的相似性，要么在资源的利用上有着互补需求。从竞争的角度看，在资源相对不足的情况下，生态位重叠较大的两个种群可能会产生较为激烈的利用性竞争。因此，在进行茶园杂草管控的时候，应首先重视与茶树生态位重合度大的杂草种群，始终保证茶树在茶园生态系统中的优势地位。而对于重合度较低的杂草不论是否为恶性杂草，均可以采取定期简单割刈的方式处理。此外，需要注意的是，有些杂草本来与茶树生态位重合度不高，但是当重合度最高的杂草被去除后，这些杂草会快速发展，并抢占原来杂草的生态位，成为与茶树重合度较高的杂草。因此，应综合考虑整个茶园生境不同区位和种群的生态位配置。

三、多措施联合管控

在广东茶区的气候条件下，杂草种类繁多，并且适应性和繁殖力强，特别是发生周期长。这种情况也就导致了单纯一种管控措施难以从头到尾做好茶园杂草的管控，必须要多措施联合应用。此外，在茶园的不同部位也要因地制宜地采取不同措施，比如梯壁的杂草应以剪除为主，保留杂草的根系，可以起到保持水土等多种作用；对于茶树根部附近的杂草应连根铲除；幼龄茶行则可以采取间作、覆盖、剪除等措施，并配合局部选择性铲除等措施。在制定杂草防治策略的时候，我们不仅要考虑杂草的生长特性、茶树的生长情况，以及防治措施的有效性，还需要结合茶园的地理环境进行成本和可行性分析，以便作出合理的选择。

在选择杂草管控措施的时候，需注意以下几个的原则：①避免使用化学除草剂，以及类似的严重破坏生态系统的除草措施；②在达到效果的前提下，尽量减少对杂草生态的人为干预；③尽量利用茶园现有环境和条件，减少工作量，节省劳动成本；④避免引入转基因动植物，在引入新的物种时，要充分调研；⑤新的控草措施不断出现，选择控草措施要以维护茶园生态系统稳定和茶树优质高效产出为主要目的。

第二节　茶园杂草生态管控技术

我国茶园控草技术发展初期，大多采取人工拔除和化学除草剂防除，多年粗放式管理，以及除草剂使用不当，导致多数茶园生态系统脆弱，出现病虫害高发、茶叶产量和品质下降等生产问题。近年来，随着生态环保理念日益深入人心，生态控草技术逐渐引起人们的关注。生态控草必须根据不同的生态条件、杂草品种和季节，采取人工、生物和机械等方法，做到有除有养，除养结合，以生草代替绿肥等综合措施控制茶园杂草生长。目前，国内外茶园较有效的生态控草技术包括人工与半机械控草、覆盖控草、间作控草、畜禽控草和有机除草剂控草等。

一、人工与半机械控草

（一）技术简介

广东茶园地形复杂，高海拔山地较多。加之建园与茶树种植欠规范，茶蓬间距较小，以致市场上现有的除草机多数难以直接应用在茶园，而茶园专用除草机械研发较少，很多仍处于试验阶段。目前，广东茶园除草仍然以人工除草配合小型通用割草机的方式为主，我们称为人工与半机械控草。

该控草技术主要包含以下几方面内容：①手工拔除（连根拔起）在茶树树干周围和缠绕在茶树树冠上的杂草，主要是株型高大或具攀缘性的恶性杂草；②用镰刀或小型割草机割除生长在茶行、梯壁、路边、水沟边等空地上株高超过30厘米的杂草，割草时割口高度离地5～10厘米；③用锄头挖除茶园树冠下及茶行内的白茅、蕨类、小灌木等深根类的恶性杂草；④茶行全面除草，特别是幼龄茶园每年应有不少于1～3次的茶行全面除草，除草时期应根据草的生长情况和劳动力空余情况进行，选择在杂草旺盛时期、开花结实前、非采茶季进行；⑤除下或割下的杂草，短小不利于收集的可晒干失水后就地翻埋，稍长的杂草暴晒后可铺在茶行用作覆盖物。

（二）技术要点

夏季高温天气采用浅锄的方式，可使杂草快速死亡，但浅锄时应注意不要伤及茶树浅层根系，幼龄茶园注意不要伤到茶树的茎。当杂草进入生殖生长期时，采用浅耕的方式，结合追肥，可以将杂草翻埋入土壤中，同时因缺乏光照，可以减少杂草种子的萌发。除草时间要视茶园劳动力来决定，因为广东劳动力紧张，茶叶生产季节性强，春茶、夏茶大忙季节往往无暇顾及杂草，因此，安排人工除草最好在茶季之前或之后进行。剪除后的杂草要及时摊开，待杂草失水后再铺放或填埋。广东山地茶园普遍地形坡度较大，特别是粤东茶区，梯壁上的杂草建议多用刈割方法，抑制繁盛的茎叶，保护其根系固土作用，这对于茶园梯层的维修保护可以起到有益的效果，在不影响生产的情况下，每年割1～2次即可（图3-1）。

图3-1　梯壁割草留根

二、覆盖控草

（一）技术简介

覆盖控草是国内外研究较为广泛的控草技术之一，如果覆盖材料易于取得，利用覆盖来控制杂草效果较佳（表3-1）。通过地面覆盖，一方面可以有效阻挡阳光，使杂草种子因缺乏光照而减少萌发，同时杂草幼苗因缺乏光照无法进行光合作用而黄化枯死，进而大大降低茶园杂草发生的数量；另一方面覆盖物增加了杂草生长的阻力，使得杂草长势变弱，从而控制了杂草的生物量。由此可见，覆盖物最主要的控草机理是能遮光遮温，形成物理屏障，从而控制杂草种子萌发和幼苗生长所需的必要条件。从这一原理出发，只要能形成屏障作用，并且不对茶园土壤造成污染的材料都可以选择，覆盖材料的选择可以充分考虑各茶区现有的易得材料。目前覆盖材料应用较为广泛的有秸秆、地膜或防草布（图3–2和图3–3）。由于常规地膜难以自然降解，残留物会造成污染，而新型环保可降解地膜价格较高且容易破裂。综上所述，秸秆类的覆盖材料最佳，其次是结实耐用、透气透水、可降解的防草布。

表3–1　覆盖控草作用效果（韩敏 等，2014）

处理	杂草密度/（株·米$^{-2}$）					
	马唐	牛筋草	地锦	铁苋菜	小飞蓬	马齿苋
稻草覆盖	3 c	3 c	0 c	0 b	0 c	0 c
中耕除草	37 b	0 c	13 a	3 ab	4 bc	4 bc
化学除草	7 c	4 bc	0 c	1 ab	1 c	3 bc
间作三叶草	43 b	14 ab	6 bc	2 ab	8 b	8 b
对照	147 a	21 a	56 a	8 a	14 a	23 a

注：同列不同字母表示在0.05水平上差异显著。

图3–2　茶园覆盖秸秆

图3–3　茶园覆盖防草布

（二）生态意义

覆盖控草不仅可以有效控制茶园杂草，对茶园生产还具有多方面的生态意义。

覆盖秸秆等材料可减少茶园水土流失，保蓄土壤水分。试验证明，行间覆盖的茶园地表径流速度比未覆盖的可减少90%以上。尤其是幼龄茶园，土壤裸露，易受冲刷，覆盖效果更显著；并且覆盖后使地面径流减少，雨水渗入土层，天晴后又可以减少地面蒸发，从而起到保蓄土壤水分的作用。在0～30厘米土层内土壤含水量可提高115%～316%。

调节土壤温度，提升土壤肥力。茶园覆盖还可以一定程度稳定土壤的热变化，起到冬天保温、夏天降温的作用。据试验观察，每亩茶园覆盖铺草2 000千克，冬季可提升表土温度1～1.3℃，夏季则可以降低4～8℃。这一效果对于夏季炎热高温、冬季又可能出现短期霜冻的广东茶区来说意义重大。此外，广东茶区高温多雨，土壤风化淋溶作用剧烈，有效养分和有机质含量普遍偏低。茶园行间覆盖铺草，经腐烂后翻入土壤，可显著增加土壤有机质含量，提高土壤有效养分（表3–2）。

表3–2　覆盖铺草对茶园土壤肥力的影响（张玉翠 等，2003）

处理	有机质/（克·千克$^{-1}$）	有效养分/（毫克·千克$^{-1}$）		
		氮	磷	钾
铺草	24.5	200.0	10.6	200.4
对照	19.7	125.0	4.0	146.2

提高茶叶产量，改善品质。茶园通过覆盖铺草，在一定程度上抑制了杂草生长，减少了水土流失，改善了生态环境，提升了土壤

的肥力，从而促进茶树的生长，提高了茶叶的产量和品质。试验证明，覆盖铺草茶园茶叶产量和生化成分都有不同程度提高（表3–3）。

表3–3　铺草覆盖对茶叶产量和品质的影响（张玉翠 等，2003）

处理	产量		生化成分/%			
	/（千克·公顷$^{-1}$）	百分比/%	氨基酸	茶多酚	咖啡碱	水浸出物
铺草	9 561.00	137.00	1.27	20.49	2.25	38.50
对照	6 930.00	100.00	0.86	16.50	1.97	30.70

（三）技术要点

1. 材料选择

茶园覆盖材料主要推荐两大类，一类是天然有机材料，另一类主要是可降解防草布。天然有机材料的选择较多，如山草、各类作物秸秆、茶树修剪枝叶等。其中山草不含农药和污染物，是较佳材料，但山草常常带有一些病菌、害虫和杂草种子，使用前要做暴晒处理。将收割的山草，摊放在阳光下自然暴晒，利用阳光中的紫外线杀死病菌、害虫，同时用棍棒敲打，使种子脱落。如果是用农作物的秸秆，在收集的时候就要注意这些材料中是否含有较高的农药残留，若含有较高的农药残留则不能使用。可降解防草布是一种新型的覆盖材料，是利用可降解材料编制而成的布状材料，强力高、耐腐蚀、不易老化、透气透水，可使用3～5年。

2. 覆盖时间

广东茶区存在较多的多年生和越年生杂草，因此茶园常年都会有杂草发生，在选择覆盖时间的时候应该尽量选择杂草相对较少的时间段。最好结合冬季清园和深耕施肥进行，这个时间段覆盖用的山草或秸秆都相对比较容易获取。另外，对于新垦茶园，则可以在种植后立即覆盖，但注意覆盖过程不要伤到茶苗，并且根部要离开茶苗几厘米，防止接触高温灼伤等。

3. 覆盖厚度

防草布一般铺一层就可以起到很好的效果。但覆盖山草和秸秆等材料要有一定的厚度，覆盖8～10厘米，以铺草后不露土为宜，覆盖太薄效果不好，覆盖太厚成本高，还容易导致茶树生双层根，影响茶树生长。一般成年采摘茶园每公顷铺干草3 000千克左右，幼龄茶园每公顷4 500～6 000千克。

4. 注意事项

对于覆盖山草、秸秆的茶园，微生物对有机物料的分解过程中会消耗部分土壤氮素，因此在冬季覆盖后，次年雨季来临时需要补充适量氮肥，以利于有机材料分解转化，避免微生物与茶树争氮。

三、间作控草

（一）技术简介

间作控草是发达国家广泛使用的一种控草技术，目前在国内应用也越来越多。间作控草技术是根据生态位先占和生态位竞争原理而提出的，其核心是在茶行内种植一定密度且与茶树生态位不重叠的普通杂草，使其占据茶树外的整个生态空间，从而使其他杂草无法生存或难以扩散。间作控草技术不仅能有效地控制杂草，还能为茶树创造良好的生长环境，维持茶园生物多样性，保持生态系统稳定平衡。间作控草技术的关键就是选择适宜的品种，原则上应选择生草量大、矮生浅根、能有效抑制其他杂草却不与茶树竞争且适合当地生长的品种（图3–4）。

图3-4　茶园间作大豆

（二）生态意义

间作控草，特别是间作一些绿肥类植物，对整个茶园生态系统具有诸多优点（表3-4至表3-6）。可以增加茶园行间空地的绿色覆盖度，有效控制其他杂草的生长，减少地表径流，增加雨水向土壤深处的渗透，减少水土流失；绿肥根系发达，尤其是豆科绿肥作物有共生的固氮菌，在行间生长不仅可以疏松土壤，而且还可增加土壤有机质，提高氮素含量，加速土壤熟化；间作控草技术还可以改善茶园生态条件，冬季可提高地表温度1～2℃，一定程度上减少茶树冻害，夏季则可以遮阴、降温；间作通过综合生态作用最终反应在茶树上，可以增加茶叶产量，改善茶叶品质。

表3-4　茶园间作控草的效益分析（唐劲驰　等，2008）

处理	杂草数量/（株·米$^{-2}$）	锄草次数/次	每次锄草费用/（元·公顷$^{-1}$）	每年锄草成本/（元·公顷$^{-1}$）
金萱间作华夏3号	97. 7 ± 2.3b	2	375	750
对照	824.3 ± 38.7a	3	675	2 025
英红九号间作华夏3号	86.3 ± 3.2b	2	375	750
对照	834. 7 ± 8.1a	3	675	2 025
金萱间作华春2号	91. 7 ± 3.4b	2	375	750
对照	561.7 ± 43.2a	4	675	2 700
英红九号间作华春2号	96.3 ± 0.9b	2	375	750
对照	657.7 ± 22.6a	3	675	2 025

表3-5　间作控草对夏季茶园生态环境的影响（唐劲驰　等，2008）

茶树品种	处理	气温/℃	地温/℃	相对湿度/%
金萱	间作	30.3 ± 0.3b	27.6 ± 0.3a	70.3 ± 0.2a
	对照	33.5 ± 0.2a	32.2 ± 0.3a	69.2 ± 0.2b
英红九号	间作	32.3 ± 0.2b	30.8 ± 0.6b	68.1 ± 0.6a
	对照	35.0 ± 0.6a	33.3 ± 0.1a	51.3 ± 0.2b

表3-6　间作控草对茶树生长的影响（唐劲驰　等，2008）

茶树品种	处理	树高/厘米	树宽/厘米	一芽二叶长/厘米	百芽重/克	发芽密度/（个·米$^{-2}$）
金萱	间作	76.0 ± 0.6a	71.7 ± 1.2a	7.4 ± 0.0a	28.3 ± 0.6a	121.9 ± 2.3b
	对照	60.3 ± 1.2b	65.0 ± 1.0b	7.1 ± 0. 0b	25.7 ± 0.8b	116.1 ± 0.9b
英红九号	间作	103.3 ± 0.9a	105.0 ± 0.6a	10.3 ± 0.1a	30.7 ± 1.0a	211.4 ± 0.1a
	对照	81.0 ± 1.0b	91.3 ± 1.2b	9.4 ± 0.1b	22.0 ± 1.0b	172.4 ± 0.8b

（三）技术要点

目前，国内茶园间作控草所选草种较多，常见的如鼠茅草［*Vulpia myuros*（Linn.）Gmel.］、大豆［*Glycine max*（Linn.）Merr.］、白喜草（*Paspalum notatum* Flugge）、类地毯草（*Axonopus affinis* A. Chase）、黑麦草（*Lolium perenne* Linn.）等，具体可参考附录1《广东茶园杂草生态管控技术规范（T/GDNB 2—2020）》。事实上可选草种很多，可以根据自己茶园的实际情况和现有杂草种类自行筛选，比如广东部分茶园自行筛选了藿香蓟、艾蒿、金钱草等作为间作草种。此外，鼠茅草也是茶园近年来推广应用较多的优质间作绿肥之一，本节间作技术要点以鼠茅草为例，其他草种可根据其生长习性适当调整。鼠茅草是一年生越冬型禾本科植物，建议秋冬季茶园管理施基肥后在茶行间播种，每公顷撒播22.5千克左右，保持土壤湿润，翌年3月幼苗返青后结合茶树追肥，每公顷追施尿素225千克左右，6月中下旬鼠茅草结籽后便会倒伏枯死，可免除人工割草，并在地面形成一层6～7厘米厚的天然覆盖草层，可继续抑制杂草的生长。9月散落的草籽继续萌发，开始新一轮生长，避免重复播种。其他常见草种间作技术要点简要总结如下。

大豆（豆科）类绿肥作物：广东省农业科学院茶叶研究所筛选了华春2号、华夏3号等磷高效大豆品种，适合华南低磷茶园土壤种植，长势良好。一年可收2季大豆，应提早播种。春季大豆一般选择在2月下旬至3月上旬前播种为好，夏季大豆一般选择在6月上旬前播种为好，大豆可人工进行条播、刨穴点播，有利于大豆出苗，促使出苗整齐健壮。播种要均匀，不能盖土过多影响出苗率，一般播深3～4厘米。大豆播种密度为35厘米×15厘米（行距×株距），不能种得太密。当大豆植株达到完熟期后及时收获，收获后的豆秆可作为茶园覆盖物。大豆生长过旺，出现徒长时，植株可直接割下覆盖于茶树根际两旁，或充当绿肥直接耕犁翻入土。

百喜草：属于多年生禾本科杂草，对土壤要求不严，在肥力较低、较干旱的沙质土壤中生长能力仍很强。基生叶多而耐践踏，匍匐茎发达，覆盖率高，所需得养护管理水平低。百喜草可春播或秋播，广东地区春播以3—5月，平均温度15℃以上的湿润天气最为适宜，秋播宜在9月中旬之前进行，可以单播，也可以与侵占性较强的狗牙根和地毯草混播，播种量为10～15千克/亩。播种后保持表层土壤的湿润，草长高后可割下覆盖于茶树两旁。

类地毯草：多年生禾本科杂草，有匍枝，秆扁平，叶色深绿，高15～50厘米，耐寒性强。该草的匍匐枝蔓延迅速，每节上都生根和抽出新植株，植物体平铺地面呈毯状，根有固土作用，是一种良好的保土植物。可用扦插法、草皮铺设法及种子播种法繁殖，用种子繁殖时，播种量为100～120千克/公顷，可使用人工手撒和机械播种，可掺干细土或沙，拌匀后播，播种期及方法同百喜草。主要生长期集中在春夏两季，草长高后可割下覆盖于茶树两旁。

黑麦草：多年生，具细弱根状茎。秆丛生，高30～90厘米，具3～4节，质软，基部节上生根。播种方法有条播、点播、撒播3种，一般以条播为主，辅以点播和撒播。条播：将整理好待用的土地以1.5～2米进行开墒，以行距20～30厘米，播幅5厘米，按每亩0.6～1千克的播种量进行播种，覆土1厘米左右，浇透水即可；零星地块用点播的方法进行，其方法是：按塘距离15厘米×15厘米，每亩按0.5千克左右（每塘穴8～12粒）的播种量进行播种，覆土1厘米左右，浇透水即可。

四、畜禽控草

（一）技术简介

畜禽控草是生物控草的一种，主要是指在茶园生草期放养适量食草动物控制杂草生长。茶园放养动物的目的在于控制杂草过量生长，放养动物的数量不宜过量，否则易造成茶园土壤板结，不利于茶树生长。具体放养数量应根据动物的种类、大小和茶园草量来确定。目前，国内外还有一些其他生物控草技术，包括以虫治草、以菌治草等，如乌蔹莓鹿蛾（*Amata* sp.）幼虫主要取食乌蔹莓，并且只有在乌蔹莓上才能完成整个发育阶段；以菌治草则是利用能使杂草感染的病原微生物来对杂草进行防治。但是虫和菌一旦引入茶园，则难以控制其种群发展，因此并不建议在茶园使用“以虫治草、以菌治草”的方法。

（二）生态意义

茶树叶片味道比较苦涩，很多植食性动物不吃茶叶。因此在茶园放养的植食性动物可以取食茶园的杂草和杂草种子，以及部分茶树害虫，解决茶园杂草生长过剩的问题。同时，动物在园内活动，促进了茶树的通风与透光；它们在茶园内排泄，增加了土壤有机肥的投入，提高了土壤的肥力。在减少人工除草投入的同时，可以降低部分肥料和农药的投入。此外，在茶园中放养的动物，活动范围大，增加了其活动强度与抗病性，肉质相比于常规养殖的风味更佳，营养价值与经济价值更高。

畜禽控草具有可观的综合经济效益。以养鹅为例（图3-5），每亩饲养10只鹅计算，每天每只鹅可采食杂草1～1.5千克，排泄有机肥150～200克，则10只鹅5个月的生长期共可产生有机肥

225～300千克，每年可节省茶园施肥成本200～300元，节省除草成本200～400元。此外，平均每只鹅5千克，20元/千克，合计产值2 000元，扣除补充饲料、人工等成本800元，直接经济效益1 200元。综合计算，养鹅控草每年每亩地可节本增效1 600～1 900元。吴全聪等（2017）的研究表明，茶园养殖山羊对杂草控制效果可以达90%～95%，与人工割草机除草相当，比化学除草效果好。放养山羊还可以产生额外收益，扣除成本后茶园每年尚有收益105元/亩，比割草机割草区和化学除草区分别可增加效益500元和348元；并且未发现山羊吃茶叶，也未发现山羊毛、排泄物等污染茶叶，对茶叶安全。

图3-5　茶园养鹅

（三）技术要点

茶园畜禽控草适宜放养的食草动物目前常见的有鸡、鹅、山羊等，具体放养数量应根据动物的种类、大小和茶园草量、地形等来确定。如在茶园内养鸡一般控制在10～20只/亩，养鹅一般5～10只/亩，养山羊1～2只/亩。

茶园放养食草动物应注意以下问题：①要有一定的集中连片茶园，放养量掌握适中。②养殖管理人员要具有一定的养殖技术，最好有相关养殖经验。③1～2年龄的幼龄茶园因茶树较小，易被动物踩踏压倒，不宜放养。④采食杂草的同时应适当添加配料，特别是进入冬季，茶园可取食草料减少时，要备足越冬食料。⑤茶园要配备一定的常驻人员进行管理，防止损坏其他农作物，并预防饲养动物丢失或被其他动物捕食。

五、其他措施控草

合理的茶园管理措施，如增加茶行耕翻次数、开沟施肥、有机肥腐熟堆肥等，也可在一定程度上有效降低杂草对茶树的为害，但是无法做到全面控制。化感除草是根据Molish在1937年提出的植物化感作用的概念而形成的，主要是利用植物相生相克原理采取的控草措施，比如黑麦草会分泌植物性毒素，抑制其他杂草生物量的增长，在控草方面显示出潜力，可在茶园适当利用。此外，热除草是通过快速加热植物体内的水分，使植物细胞破裂失去活性至死亡的方法，它是替代化学除草的潜在方法，包括火焰除草、热水除草、蒸汽除草、红外辐射除草、激光除草等。热除草能耗少、成本低、可有效控制杂草发生与为害，被加拿大农业部认为具有可行性，在茶园也可局部使用。但是，这些控草技术在效果、成本、生态影响等方面都存在一些缺点，一般不作为杂草管控的主要手段，可作为茶园杂草管控的补充手段，对主要防治措施无法或者不便清除的杂草实施局部控制非常有效。

第三节　不同类型茶园杂草管控技术要点

在茶园中，只有超过一定密度或一定高度的杂草种群才会对茶树构成威胁，与茶树生长在一起的恶性杂草个体除外，特别是攀缘性的恶性杂草，即便只有一株也会影响茶树生长，需及时清除。在茶树以外的空间保持一定密度的杂草种群对维持茶园生态平衡、实现茶园可持续发展具有重要意义。因此，科学合理的杂草管控措施应该既能最大程度减少杂草的为害，又不至于破坏茶园生态系统结构，同时还能充分发挥杂草的生态作用。当杂草密度过大，或者高度已影响茶树生长时，就必须采取措施加以控制。在制定杂草管控策略的时候，应综合考虑杂草的类型和发生规律，茶园类型，环境条件，所处阶段以及茶树生长情况，可接受成本（人力、物力）等多方面因素，以作出合理的选择。

一、茶园开垦

真正的杂草管控在茶园开垦时就已经在开展了，而且茶园开垦过程中的杂草管控是否到位，直接影响后续茶园杂草管控的难易程度。

茶园开垦中的杂草管控应该坚持以预防为主的方针，重点抓好如下几方面的工作：①建园前要彻底清除多年生杂草，特别是宿根性杂草植物的根、茎等，如蕨类、白茅、狗牙根、莎草等。②建园后继续清除被遗漏的多年生杂草，将根部挖尽，这是防止扩散的关键。建园后新发的幼龄多年生杂草，也尽可能在少及幼小时予以清除，可大大提升后续管控效率。③茶园开垦建园的整个过程，需固定专人经常检查清除，制止本地恶性杂草蔓延成灾。④开种植沟、施底肥时，建议施用充分腐熟的有机肥，腐熟高温可以在一定程度上杀灭杂草种子。⑤清除园周、沟边和水渠中的恶性杂草。茶园喷灌吸水时，使用过滤网，防止漂浮在水中的杂草种子带入茶园。

二、幼龄（或台刈）茶园

幼龄期是茶园杂草管控的重点和难点，茶树小、长势弱，易受杂草影响，加之地表空间较大，更易滋生杂草，如不采取适当管控措施，会严重影响茶树生长，甚至造成茶树死亡。对幼龄茶园杂草的管控要从种苗开始，在调运种苗时要严防外地杂草伴随茶苗移栽入园，特别是一些具有侵略性的杂草。移栽后的幼龄茶园可以灵活采用前文所述的人工与半机械控草、覆盖控草、间作控草等技术中的一种或几种组合，但畜禽控草对于移栽1～2年内的幼龄茶园并不适合。

（一）幼龄茶园常出现的错误控草方式方法

在对幼龄茶园进行杂草管控的过程中，经常出现以下错误方式方法，需要引起重视。

（1）将所有杂草全部除尽。有部分茶园管理者想让茶树长得好，长得快，避免园中杂草与茶苗争夺水、肥、光等，就想方设法将茶园中的杂草清除干净，结果茶苗生长反而受到更多影响。

（2）在夏季高温或连续干旱的天气除草。许多茶园管理者认为，在高温和干旱天气除草，才能让杂草死得快和干净。但他们没有注意到，幼龄茶园这时除草，很容易造成茶苗根部土壤松动，进而造成茶苗根系损伤和增加土壤表层水分蒸发，反而容易导致茶苗成活率大幅下降。

（3）滥用除草剂。在生产中，发现一些茶农为了节约人工成本，使用除草剂对茶园中的杂草进行防治，而茶苗对除草剂的抵抗力较差，易造成叶片变黄或脱落，严重影响茶苗生长。

（4）除草方式不正确。幼龄茶园中的茶苗在移栽后的前两年内根系非常短、浅，除草要格外小心。特别是第1年的幼龄茶园除草，在根部15厘米范围内切忌用锄头除草，锄头易造成土壤松动而损伤茶苗根系，影响茶苗生长，甚至导致茶苗死亡。

（5）间种植物密度和品种不合理。在幼龄茶园中间作控草是一种非常有效的控草方式，但有些幼龄茶园中间作过高、过密的高秆或藤条等植物类型，造成茶苗被遮蔽严重，不能正常生长。

（二）幼龄茶园控草策略建议

（1）转变观念，保留适量的杂草充分理解杂草也是茶园生态系统的组成部分，能让茶园增加生态多样性，只有过度的杂草才对茶苗生长有较大的影响。可控范围内的杂草虽然从茶园土壤中吸收一定量的养分，但最终还会通过修剪和腐烂返回土壤中，并且在杂草生长过程中还可以通过光合作用固定太阳能和有机碳，这对培肥土壤和改良土壤生态具有重要作用。茶园中保留适量的杂草，利于营造一个对茶苗生长有利的环境。适量可控杂草能为恢复期的幼龄茶苗遮挡阳光，防止根部水土和养分流失，涵养茶苗根部水分，保持一定土壤温湿度等，容易营造一个对茶苗生长有利的小环境。

（2）分年度和次数适时采取管控措施。适时除草可以控制幼龄茶园（或台刈改造茶园）杂草种子的传播，趁杂草未结籽处于幼嫩状态，应及时采取管控措施，尽量减少杂草种子传播繁衍。可采用覆盖控草技术，在茶园茶苗根部和茶行间覆盖厚度5～8厘米的杂草或作物秸秆，以干枯后不见土为准。也可采用间作控草，适当密度的间作牧草、绿肥等植物，为茶苗遮阳并创造良好生长环境，但要注意高度不要太高。也可以组合或单独采用人工除草，移栽后第

1年只除1次即可，且要在天气渐凉的9—10月进行除草，第2、3年每年除2～3次，可分别在5—6月和9—10月进行除草，不同茶区和海拔茶园可根据当地气候条件适当调整除草时间。

（3）暑热季节或连续干旱天气不除草。幼龄茶园中的茶苗虽成活了，但其吸收营养和水分的根系还不完善，扎根不深，抵抗外界不利气候因素的能力较弱，特别是对干旱、高温等因素的影响。如在高温季节或连续干旱天气中进行除草，易造成茶苗根部环境破坏和损伤根系，使茶苗死亡。在进行其他田间控草操作时也要注意保护幼苗。

（4）茶苗根系附近杂草要用手除。移栽后的茶苗非常脆弱，特别是移栽后第1年的第1次除草，幼龄茶园中茶苗的根系生长有限，在除草时稍不注意会损伤根系，清除部分生长在茶苗根系附近杂草的时候要用手除，如根系较深的杂草，最好用脚或手压住茶苗根部，除草时尽量减少土壤松动而伤根。

（5）茶园不使用除草剂。茶园中不使用除草剂，以免影响茶苗生长和引起茶园土壤农药残留。

（6）茶园间种一定量的遮阴树种。茶园中间种遮阴树种，可在一定程度上减弱杂草长势，并减少夏季阳光对茶苗的照射。

（7）要对恶性杂草进行巡查。要在前期茶园开垦过程排查的基础上，进一步巡查、铲除茶园恶性杂草，这对后期茶园杂草管控尤为重要。

（8）台刈或重修剪茶园控草策略。控草对台刈或重修剪茶园也极为重要，但由于茶树根系发达，控草相对容易。可适当保留部分杂草，尽量开展间作或覆盖控草，及时巡查铲除恶性杂草。不使用除草剂除草，以免对新发嫩叶产生药害，并可减少农药残留。综合灵活运用各控草措施，在控草的同时为茶树新梢的生长营造良好环境。

三、成龄茶园

成龄茶园茶树根系都较发达，相对牢固，根深超过多数杂草，茶树都已稳定成活并且具有一定高度，在茶园系统中稳固占据了自己的生态位。因此，成龄茶园的杂草管控相对简单，前文所述人工与半机械控草、覆盖控草、间作控草、畜禽控草等技术措施都可以根据茶园自身的情况自由组合使用。建议从以下几个方面加强控制。

（一）适时科学修剪，扩大茶树采摘蓬面

适时科学修剪，分级分次进行，促进侧枝、分枝生长，扩大茶树采摘蓬面，增加茶园覆盖度，能有效抑制茶园杂草。实践证明，茶园覆盖度达到80%以上时，茶树行间地面的光照明显减弱，杂草发生数量及其为害程度便可大为减弱；覆盖度达到90%以上，茶行互相郁蔽，行间光照很弱，茶行间的部分小型荫生杂草基本不会对茶树造成影响。

（二）茶行中的恶性杂草管控

对恶性杂草的管控可以说是贯穿茶园杂草管理的始终，对成龄茶园在8—10月的非采茶时间，应视草情开展1～2次的杂草防除工作，可以结合中耕施肥进行，也可浅耕配合除草，以多年生宿根杂草、攀缘性杂草、植株高大的杂草为主要控制目标。同时，广东在9—10月降水量逐渐减少，浅耕还可以疏松土壤并切断毛细管，防止水分过快蒸发。对于生长在茶树周边或在茶树枝条上缠绕的恶性杂草应及时连根铲除，并在全茶园不定期巡查。

（三）梯壁及路边杂草的管控

广东茶园特别是粤东茶区的茶园，多数在陡峭山地建园，茶园梯壁数量较多，梯壁及路边也是茶园杂草管控的重要方面。梯壁及路边的杂草可以发挥防止水土流失、调节小气候等多种生态功能，因此，梯壁及路边杂草以控制为主，一般采用人工剪除的方式。剪除的时间和次数，不同茶园有较大差异，主要看杂草种类，原则上应在杂草结种之前进行剪除。剪除高度一般离地15厘米左右，剪下的杂草就地晒干后铺到茶行内。

（四）冬季清园施肥

冬季采茶结束后进行开沟施基肥，对于提升茶树的树势非常有利，可增强茶树对杂草的竞争力，减少次年杂草管控的工作量。开沟施肥的过程也是对茶行杂草的清除过程，在工作过程中可以进一步巡查并清除恶性杂草，特别是一些根深的顽固性杂草。注意基肥所用有机肥需充分腐熟，或者购买质量合格的商用有机肥。

四、单株栽培模式茶园

单株栽培模式是广东茶区比较特殊的一种栽培模式，特别是在粤东的单丛茶区具有很强的代表性。以单丛茶为代表的单株栽培模式茶树一般株距和行距都比较大，正常每亩800～1 200株，但是很多茶农在成龄后会采取间伐的方式挖除部分茶树，以给其他茶树提供更多的生存空间，一般每亩保留300～500株。而且多数单株栽培茶园是在海拔较高的山地，地形普遍偏陡峭，以窄梯田的形式开垦茶园，梯面仅能栽种一行茶树。这些因素共同导致了单株栽培模式从幼龄到成龄茶园其裸露空间的面积都远高于其他茶园，因此，单株栽培茶园的杂草防控应格外注意。不过单株栽培模式的茶树，普遍不进行修剪，一般春季采一季茶，以采代剪，茶树自由生长，株高可达3米。所以在此高度的茶行中，普通杂草一般不会对茶树生长造成严重影响，可适当放宽控制（图3-6和图3-7）。

图3-6　单株栽培茶园

（一）单株栽培模式幼龄茶园杂草管控要点

单株栽培模式的幼龄期茶园杂草宜采用疏导为主，适当剪除株型大的杂草，剪下的杂草可铺在根部地表。对于株高30～50厘米以下的杂草可以适当保留。茶树根部周边杂草可结合施肥和松土去除。适合采用覆盖控草、间作控草、畜禽控草等相关控草技术。

图3–7　单株栽培模式

（二）单株栽培模式成龄茶园杂草管控要点

单株栽培模式成龄茶园的茶树株型相对较高，只要杂草不影响茶园耕作和采茶，应尽量保留原生杂草。结合冬季清园进行适当除草，可适当剪除高度超过50厘米的杂草，也可部分换种原生的绿肥类杂草，全园注意拔除攀缘性的恶性杂草，具体剪草时间和次数应根据茶园自身的特点决定。

第四章

茶园杂草生态模式构建与实例

随着生态茶园建设在广东茶区的推广，生态理念也得到越来越多的茶叶企业管理者认可。许多茶叶企业在应用茶园杂草管控技术过程中，结合本公司茶园的环境和实际情况逐渐摸索出了自己的茶园杂草生态模式。我们在调查的基础上，结合前文的相关管控技术，完善和总结出了几个具有代表性的杂草生态模式。

第一节　茶园杂草生态模式构建

一、“茶-草”模式

“茶-草”模式对广东各茶区的茶园来说是一种较好的栽培模式，也是易于推广且应用较广泛的模式，特别适合幼龄茶园和单株栽培茶园，其实中国最传统的茶园栽培模式就是在茶园间作粮食作物。根据当地的气候、土壤、栽培环境及植物资源，保留梯壁原有的非恶性杂草，间作与茶树无共同病害的作物，既能控制杂草，又能改善茶园小气候，在促进茶树生长、提高茶叶品质的同时还能收获一定的粮食或牧草。现代的“茶-草”模式跟传统的间作粮食作物有所不同，毕竟粮食作物的收获还是会从茶园系统带走一定的物质和能量，加之当前茶叶的经济价值远高于粮食，所以现代茶园间作主要是单纯的草。广东茶区目前常见的“茶-草”模式分为人工种草和自然生草两种，实际生产中也有茶叶企业将两种方式结合，人工选择性培育野生杂草，促进自然生草。

草种的选择对于“茶-草”模式至关重要。人工种草应选择易于种植、适应性强、鲜草量大、矮秆、浅根，不利于病菌和害虫滋生繁殖的草种，常用的有禾本科和豆科植物。自然生草的野草种类很多，选择时可参考以下原则：①干生物质产出量大，有利于提高土壤有机质含量、培肥茶园土壤；②固土护土能力强，有利于改良土壤理化性状，保持茶园土层厚度、水分、温度和透气性等；③适应性强，抗逆性强，栽种与管理简单；④与茶树无共同的病虫害，有利于减少茶树病虫害；⑤不与茶树争水、争肥、争光照，耐阴耐践踏，有利于茶园作业；⑥覆盖性好，可增加冬季土壤温度，有利于茶树冬季安全越冬；⑦茶树生长的第1年，行间应种植有一定高度的遮阴性草生植物，如大豆、玉米、铁苋菜等，用以抵挡酷日、降低地面温度，防止因叶片、茎和根颈部位灼热或炙烤导致茶树死亡。

间作杂草需适当管理和合理利用。人工种草应根据不同草种选择适宜的播种时间，春季播种的时间一般为3月下旬至4月上旬；秋季播种时间一般为8月中下旬至9月中下旬。具体播种时间可根据当地物候期适当调整。播种前应对茶行土壤进行适当的翻耕平整，土壤整理后浇透水1次。自然生草在纯野生杂草的基础上，连续几年选择性的拔除恶性杂草和非目标草，还可以将茶园周边的目标草移栽到茶行中，也可以收集目标杂草的种子，适时撒播。当杂草生长高度达到30～40厘米或开花结籽前应进行刈割，每年刈割的次数为1～3次。鼠茅草、毛叶苕子等低秆矮草类或者每年冬季会落叶枯死的低矮一年生杂草如藿香蓟等，也可以不进行刈割，节省人工。刈割后的草体可直接抛洒在茶园行间，或覆盖在靠近茶树一侧的树冠下，覆盖厚度8～10厘米。茶园生草3年左右，在草体逐渐老化、生长量变少时，应翻压更新1次，翻压时间以晚秋为宜。翻压时应注意将表层有机质翻入土中，对茶树附近的土壤进行浅翻，避免对茶树根系造成损伤。翻压完成后，行间可休养半年后重新播种（图4-1）。

图4-1　“茶-草”模式

二、“茶-林-草”模式

“茶-林-草”模式适合海拔较低、地势平缓，连片面积相对较大的茶园，在粤北和粤西应用的比较多。地势平缓且连片面积较大的茶园，生物种类丰富度一般较低，物种相对单一，生态系统比较脆弱。在这样的茶园中建立“茶-林-草”模式，茶园上层选择冬季落叶的高大树木，底层保留或间种适量杂草，形成3层立体复合结构。这种结构是基于种群之间的生物学特性和生态特征之间的互惠关系形成的复合生态系统，处于不同生态位之间的种群可以互利共生，合理利用光、温、土壤等资源，使其效益最大化（图4-2）。

上层间作林木主要利用其遮阴作用，一定程度上减少到达地面的光热能量，从而达到减弱杂草长势的效果。生产茶园内种植遮阴树，每公顷75～120株为宜，选择树体高大，根系深，分枝部位较高，秋冬季落叶，与茶树无共同病虫害的品种。树种可以选择合欢

图4-2　“茶-林-草”模式

（*Albizia julibrissin* Durazz.）、南洋楹［*Albizia falcataria*（Linn.）Fosberg.］、台湾相思（*Acacia confusa* Merr.）、五角枫（*Acer pictum*Thunb. ex Murray）、乌桕［*Sapium sebiferum*（Linn.）Roxb.］、楝树（*Melia azedarach* Linn.）、泡桐［*Paulownia fortunei*（Seem.）Hemsl.］、马尾松（*Pinus massoniana* Lamb.）、李子（*Prunus salicina* Lindl.）、枇杷［*Eriobotrya japonica*

(Thunb.) Lindl.]、柿子(*Diospyros kaki* Thunb.)、板栗(*Castanea mollissima* BL.)、樱花(*Cerasus* sp.)、山苍子[*Litsea cubeba*(Lour.) Pers.]等。下层种植杂草与“茶–草”模式的要求类似，需要注意的是该模式主要在生产红茶及绿茶的茶园适用，并且茶园的遮阴度控制在30%～50%，在粤东茶区以单丛茶为主的茶园则对遮阴树的需求较低。

三、“茶–林–草–养殖（旅游/休闲）”模式

“茶–林–草–养殖（旅游/休闲）”模式是在“茶–林–草”和“茶–草”模式基础上，灵活运用畜禽控草、间作控草、覆盖控草和人工控草等相关技术，并且结合便利的交通条件、良好的生态环境，以及其他生态茶园建设技术，综合打造的具有观光旅游价值的茶园模式（图4–3）。该模式是现代生态茶园系统性建设

图4–3　“茶–林–草–养殖（旅游/休闲）”模式

中的一环，是合理利用资源，建设循环生态农业，走茶产业可持续发展道路的一种较好选择，有利于茶叶企业的基地建设与长远发展。

第二节　茶园杂草生态模式与管控技术应用实例

随着茶园生态控草理念的推广，虽然生态控草技术尚未普及，但在广东各茶区已涌现出一批茶叶企业在控草模式或单项控草技术应用方面都取得了不错的效果，这些企业在控草方面的成功管理经验可供借鉴和参考。

一、“茶–草”模式应用实例

（一）广东英九庄园绿色产业发展有限公司

广东英九庄园绿色产业发展有限公司是一家致力于中国红茶产业化发展的现代高科技企业，总部位于清远市英德市英红镇，属于粤北茶区。该公司联合英红九号核心技术原创者广东省农业科学院茶叶研究所建立英德红茶标准化生产体系，覆盖3 000余亩种植区。茶园管理一直遵循生态、绿色、环保的要求，禁止使用除草剂，杂草控制主要采用人工除草和覆盖控草等技术，特别是防草布覆盖控草技术是省内应用比较成功的茶园之一（图4–4和图4–5）。

图4-4 “茶-草”模式实际应用

图4-5 防草布覆盖控草

（二）潮州市恒泰农业有限公司

潮州市恒泰农业有限公司茶园地处潮州市归湖镇凤南高山，属于粤东茶区。茶叶生产基地占地2 000亩，首期开发茶园850亩，品种以凤凰单丛为主，采用典型的单株栽培模式。该公司茶园一直在探索杂草生态管控，与广东省农业科学院茶叶研究所联合开展杂草生态管控技术研究，经过多年的努力，已形成较成功的“茶–草”模式（图4–6和图4–7）。

图4–6　“茶–草”模式实际应用

图4-7 梯壁杂草管控

（三）湛江市茗禾茶业有限公司

湛江市茗禾茶业有限公司位于粤西茶区，茶园面积300余亩，主要品种为金萱和鸿雁12号。茶园一直坚持生态管控模式，综合运用人工与半机械控草、覆盖控草等控草技术，已形成较成熟的“茶-草”模式（图4-8和图4-9）。

图4-8　“茶-草”模式实际应用

图4-9　覆盖控草

（四）梅州市五华县绿源生物科技有限公司

梅州市五华县绿源生物科技有限公司成立于 2004 年，地处梅州市五华县龙村镇塘湖村洋石嶂，开发种植优质茶叶3 000 亩，首期种植1 500亩，品种以英红九号和鸿雁12号为主。该公司茶园在广东省农业科学院茶叶研究所的指导下，开展以草治草技术示范，在新植茶园中间种广金钱草，有效抑制了其他杂草的生长，同时广金钱草作为中草药材，也增加了茶园的附加收益（图4–10和图4–11）。

图4–10　“茶–草”模式应用

图4-11　茶园间作

二、“茶-林-草”模式应用实例

（一）英德八百秀才茶业有限公司

八百秀才茶叶基地位于英德市东华镇黄陂华侨茶场，属于粤北核心茶区。现有茶园面积3 000亩，主要种植英红九号、鸿雁12号。该基地严禁使用农药除草或杀虫，采用人工除草、覆盖控草等方式管控杂草，并在茶园内种植了大量遮阴树，经过多年的努力，目前已形成良好的杂草生态（图4-12和图4-13）。

图4-12 “茶-林-草”模式实际应用

图4-13 覆盖控草

（二）英德市天然品茶叶专业合作社

英德市天然品茶叶专业合作社位于英德红茶的核心产区，属于粤北茶区。种植面积约400亩，主要品种为英红九号和鸿雁12号。引入广东省农业科学院茶叶研究所栽培团队作为技术支持力量，多年来一直坚持不使用除草剂，逐渐采用生态控草技术，现已形成典型的“茶–林–草”模式（图4–14和图4–15）。

图4–14　“茶–林–草”模式实际应用

图4-15　覆盖控草

（三）饶平县永成生态茶叶有限公司

饶平县永成生态茶叶有限公司茶园位于岭头单丛原产地核心区，是典型山地茶园，属于粤东茶区。茶园面积1 000多亩，栽培品种以岭头单丛为主，全部为单株栽培模式。茶园开垦十余年来，一直坚持生态控草，从未使用除草剂。结合茶园自身环境和条件，灵活运用了人工与半机械控草、间作控草、覆盖控草等多种技术。特别是间作控草技术中，该公司自行选育野生杂草藿香蓟，并人工扩繁，效果非常好。目前已形成多样化的“茶-草”“茶-林-草”等管控模式（图4-16至图4-19）。

图4-16　“茶-林-草”模式实际应用

图4-17　“茶-草”模式实际应用

图4-18　覆盖控草

图4-19　间作控草

三、“茶-林-草-养殖”模式应用实例

（一）广东鸿雁茶业有限公司

广东鸿雁茶业有限公司位于英德市英红镇，属于粤北茶区。公司是由广东省农业科学院茶叶研究所注资成立的有限公司，现有生产茶园500余亩，主栽品种为英红九号、鸿雁12号等。茶园地形平缓，是粤北茶区的典型代表。多年来，该公司茶园一直采用生态茶园管理模式，在茶园内灵活运用人工控草、间作控草、覆盖控草、畜禽控草等不同控草技术，间种了高大遮阴树台湾相思、银杏、杜英等10余个品种（图4-20至图4-23）。经过数十年的努力，该茶园已发展为典型的“茶-林-草-养殖（旅游/休闲）”模式，目前是著名的3A级旅游景点。

图4-20　“茶-林-草-养殖（旅游/休闲）”模式实际应用

图4-21　间作与覆盖综合运用

图4-22　覆盖与畜禽控草综合运用

图4-23　间作金钱草

参考文献

包佐淼，张一斌，2004. 山区生态茶园试养山羊效果初报［J］. 茶叶（03）：137-138.

陈清华，崔清梅，罗鸿，等，2019. 我国茶园生态控草研究进展［J］. 安徽农业科学，47（08）：22-23.

陈森，贾楠，许铭宇，等，2018. 茶园覆盖木屑与间作作物的生态循环模式效应［J］. 仲恺农业工程学院学报，31（03）：1-8.

冯丽，陈国奇，2016. 南方农田常见杂草原色图谱［M］. 广州：广东科技出版社.

付小猛，毛加梅，刘红明，等，2016. 国内外有机果园杂草管理技术研究综述［J］. 杂草学报，34（04）：7-11.

广东省土壤普查办公室，1993. 广东土壤［M］. 北京：科学出版社.

韩海东，2013. 生态茶园建设［M］. 福州：福建科学技术出版社.

韩敏，李粉华，张海艳，等，2014. 不同控草措施对丘陵茶园杂草的防除技术研究［J］. 江西农业学报，26（07）：55-58.

何秋虹，2010. 生态控草技术对丘陵地区茶园生物多样性影响的研究［D］. 长沙：湖南农业大学.

洪海林，丁坤明，李罡，等，2018. 茶园病虫草害生态控制技术［J］. 湖北农业科学，57（21）：73-76.

胡方洁，杨海滨，盛忠雷，等，2018. 茶园杂草控制研究进展［J］. 河南农业科学，47（10）：7-11.

浑之英，袁立兵，陈书龙，2012. 农田杂草识别原色图谱［M］. 北京：中国农业出版社.

贾楠，2017．茶园生态建设与景观规划［D］．广州：仲恺农业工程学院．

蒋光藻，谭和平，黄苹，2003．茶园杂草生态控制技术研究［J］．西南农业学报（03）：57–60.

蒋慧光，舒先飞，张永志，等，2018．茶园化学除草剂减施技术［J］．中国茶叶，40（05）：10–14.

林心炯，1991．茶园杂草的管理和利用［J］．茶叶科学简报（04）：1–2.

罗旭辉，刘明香，罗石海，等，2013．茶园套种圆叶决明对杂草物种多样性的影响［J］．热带作物学报，34（12）：2503–2507.

任品会，李明玉，黄连华，2018．农田杂草识别与防除原色生态图谱［M］．北京：中国农业科学技术出版社.

宋同清，王克林，彭晚霞，等，2006．亚热带丘陵茶园间作白三叶草的生态效应［J］．生态学报（11）：3647–3655.

唐劲驰，赵超艺，黎健龙，等，2008．茶豆间作对幼龄茶树生长影响：2008茶学青年科学家论坛论文集［C］．长沙：［出版者不详］.

唐永红，2018．“草木共生”理念在林木生长中的应用分析［J］．农业科技与信息（20）：92–97.

王林军，李玉胜，王兆顺，等，2019．北方茶园生草栽培关键技术［J］．中国茶叶，41（05）：52–54.

王勇，姚沁，任亚峰，等，2018．茶园杂草为害的防控现状及治理策略的探讨［J］．中国农学通报，34（18）：138–150.

吴全聪，陈利民，缪叶旻子，等，2017．山地茶园草害控制技术研究：绿色生态可持续发展与植物保护［C］．长沙：［出版者不详］.

徐华勤，肖润林，向佐湘，等，2010．不同生态管理措施对丘陵茶园杂草生物多样性的影［J］．中国农学通报，26（04）：283-286.
徐南眉，1997．茶园杂草的防治［J］．中国茶叶（03）：2-3.
徐正浩，陈雨宝，陈謇，等，2019．农田杂草图谱及防治技术［M］．杭州：浙江大学出版社.
叶根轩，2006．茶园杂草防治技术探讨［J］．福建茶叶（01）：24.
叶应庄，1983．茶园梯壁杂草用刀割保持水土效果好［J］．福建茶叶（04）：32.
张觉晚，2004．茶园杂草的发生及无公害防治［J］．茶业通报（02）：67-68.
张觉晚，2006．春季茶园虫、病、草无公害防治技术［J］．茶叶通讯（01）：25-27.
张觉晚，王沅江，周凌云，等，2013．茶园12种攀缘性杂草的发生和防治［J］．茶叶通讯，40（02）：9-12.
张玉翠，郑亚琴，2003．无公害茶园土壤铺草技术与效果分析［J］．中国农学通报（05）：146-147.
赵丰华，吕立哲，任红楼，等，2011．茶园杂草的种类及无公害防治措施［J］．安徽农学通报（上半月刊），17（15）：136-236.

附录1　广东省农业标准化协会团体标准《广东茶园杂草生态防控技术规范（T/GDNB 2—2020）》

前　　言

本标准按GB/T 1.1—2009给出的规则起草。

本标准由广东省农业标准化协会提出并归口。

本标准主要起草单位：广东省农业科学院茶叶研究所、中国科学院华南植物园、广东鸿雁茶业有限公司、饶平县永成生态茶叶有限公司、梅州市万福春高山云雾茶专业合作社、五华县良园实业有限公司、梅州市华银茶业有限公司、英德八百秀才茶业有限公司、饶平县兴记茶厂、湛江市茗禾茶业有限公司、潮州市恒泰农业有限公司。

本标准主要起草人：周波，唐劲驰，曾兰亭，陈义勇，杨子银，唐颢，黎健龙，刘嘉裕。

1. 范围

本标准规定了茶园杂草生态防控的基本技术要求，包括术语和定义、广东茶园杂草主要种类、茶园杂草生态防控技术类型、茶园开垦过程中的杂草防控、新建幼龄茶园杂草防控、成龄茶园杂草防控和自然生长茶园杂草防控等。

本标准适用于指导广东茶园杂草管理。

2. 规范性引用文件

下列文件对于本文件的应用是必不可少的。不注日期的引用文件，其最新版本（包括所有的修改单）适用于本文件。

GB 8080　绿肥种子

HJ/T 332　食用农产品产地环境质量评价标准

NY/T 853　茶叶产地环境技术条件

NY 525　有机肥料

3. 术语和定义

下列术语和定义适用于本文件。

3.1 茶园杂草 tea garden weeds

泛指在茶园生态系统中自然产生，与茶树伴生的草本、小灌木、蕨类等植物。可概括为茶园恶性杂草和普通杂草。

3.2 茶园恶性杂草 tea garden malignant weeds

指生长在茶园中，难于防治、传播迅速，对茶树生长和茶园管理带来不利影响的杂草。严重影响茶叶生产，不但造成茶叶减产和质量下降，甚至导致茶树直接死亡。主要是植株高大、攀缘性、根系发达的小灌木等品种。

3.3 杂草生态防控 weed ecological control

运用生态学原理，以茶树为核心，因地制宜管理和控制茶园杂草生长，降低杂草的为害，充分发挥杂草在茶园中的生态功能，提升茶园生态产品的综合供给能力。

3.4 人工与半机械控草 artificial and semi-mechanical weeds control

广东茶园除草仍然以人工除草配合小型通用割草机的方式为主，我们称为人工与半机械控草。

3.5 覆盖控草 cover weeds control

通过在茶园覆盖秸秆或防草布等材料，遮光遮温，形成物理屏障作用，从而控制杂草种子萌发和幼苗生长的控草措施。

3.6 间作控草 intercropping weeds control

间作控草技术是根据生态位先占和生态位竞争原理而提出的，其核心是在茶行内种植一定密度且与茶树生态位不重叠的普通杂草，使其占据茶树外的整个生态空间，从而使其他杂草无法生存或难以扩散。

3.7 畜禽控草 livestock weeds control

畜禽控草是生物控草中的一种，主要是指在茶园生草期放养适量食草动物控制杂草生长。

4. 广东茶园杂草主要种类

4.1 恶性杂草

广东茶园对茶树为害较大的恶性杂草主要有乌蔹莓、裂叶牵牛、篱栏网、毛牵牛、白茅、五节芒等攀缘性和植株高大的杂草，以及一些根系发达的小型灌木等（附录2　表附2–1）。

4.2 普通杂草

茶园普通杂草主要有马唐、狗尾草、小蓬草、空心莲子草、香附子、假臭草、鸭跖草、竹叶草、艾蒿、黄花稔、狗肝菜、一点红、饭包草、鬼针草、苦蘵、藿香蓟、阔叶丰花草等植株矮小且对茶树影响较小的杂草（附录2　表附2–2）。

5. 茶园杂草生态防控技术类型

5.1人工与半机械控草

耕作除草根据劳作方式的不同，分为人工除草和机械除草。人工除草主要是手工拔草或采用锄、犁耙、镰刀等工具进行除草。机械除草主要采用电耕犁、机耕犁和旋耕机等翻耕机械以及手扶自走式割草机进行除草。手持式轻便的割草机，是结合人工与机械优势的适用除草方式之一。

5.2 覆盖控草

农业有机废弃物覆盖技术。利用作物秸秆、树叶或割下的较高的茅草等杂草覆蔽在茶行，一般覆盖厚度5～10厘米。

可降解材料、防草布等覆盖技术。在茶行或茶园裸露的地面铺设可降解材料或防草布，抑制杂草萌发生长。

5.3 间作控草

间作杂草可以选择一种或几种长势强、抗逆性好的杂草，或具有一定药用价值的金钱草、艾草等，或者具有一定绿肥作用的杂草品种，率先占据茶行空白生境，以极高的生长速率率先充满整个空间。茶园适种的绿肥品种参见附录2。

5.4 畜禽控草

以植食性动物治草，在茶园内放养鸡、鹅、山羊等畜禽动物除草，平均每亩放养家禽数量（鸡、鹅等）只数不宜超过 10 只，山羊等1～2只。

5.5 其他控草技术

合理的茶园管理措施。如开沟施追肥和基肥等，可有效降低杂草的为害。

6. 新开垦茶园杂草防控

6.1 茶行中的杂草

梯面的杂草连根铲除。铲除后宜将所有杂草与矮小灌木全部深埋于种植沟底部。开垦期间严禁使用“放火烧山”、喷除草剂等方式去除杂草。

6.2 梯壁及路边杂草

位于梯壁及路边的杂草，不影响开垦及种植作业的可以保留，对于部分株型较大的杂草宜从地面以上5～10厘米处剪除。

7. 新建幼龄茶园杂草防控

7.1 茶行杂草

7.1.1 茶园间作

间作以低矮的绿肥类植物为主（附录3　表附3–1），比如豆科植物等，高度应低于茶树。也可间作广金钱草、艾草等中药材植物。间作不应过密，种植密度看不到裸露地面即可，防控杂草的同时应保证茶行通风。

7.1.2 茶行覆盖

在茶行覆盖修剪后的杂草、稻草等，覆盖厚度10～15厘米；也可覆盖无纺布等材料。

7.1.3 杂草改良换种

在保留自生杂草的同时，将茶行中株型较大或攀缘性的杂草铲除，同时引一种或几种茶园自生的株型矮小的杂草，比如广东茶园常见的藿香蓟等。引种杂草应给茶树留出生长空间，并且高度应低于茶树。

7.2 梯壁及路边杂草

梯壁及路边的杂草宜保留原生杂草，必要的时候从地面上5～10厘米处剪除，修剪下的杂草可晒干后铺在茶行中。

8. 成龄茶园杂草生态防控

8.1 茶行内部杂草

封行后茶行内部杂草较少，基本不用处理。仅在每年冬季封园后进行开沟施肥，适当铺草或覆盖可降解无纺布、黑膜等材料。茶行内部夹杂的攀缘性杂草和植株较高的杂草，应全部人工连根拔除。

8.2 茶园内非生产区域的杂草

根据茶园地形、地势，非生产区域的杂草宜尽量保留原生杂草。将株型较大的杂草适当剪除，可从地面上10～15厘米处剪除，保留根系。杂草宜每年剪除2～3次，剪下的杂草平铺在茶行。在远离生产茶园的加工区、入口等区域的空地可铲除杂草，种植观赏植物或其他功能性植物，并及时拔除新生杂草。所有茶园不同时期不同位置均不宜使用人工合成的化学除草剂。

9. 自然生长（单株种植）茶园杂草生态防控

9.1 自然生长（单株种植）幼龄茶园

自然生长（单株种植）的幼龄期茶园杂草宜采用疏导为主，适当剪除株型大的杂草，剪下的杂草可铺在根部地表，也可覆盖秸秆或可降解无纺布、黑膜等材料。对于株高30～50厘米以下的杂草可以适当保留。茶树根部周边杂草可结合施肥和松土去除。也可间作低矮绿肥或中草药类植物。

9.2 自然生长（单株种植）成龄茶园

自然生长（单株种植）的茶树株型相对较高，可达3米以上，只要杂草不影响茶园耕作和采茶，应尽量保留原生杂草。结合冬季清园进行适当除草，可适当剪除高度超过50厘米的杂草，也可部分换种原生的绿肥类的杂草。亦可以采用覆盖控草。

附录2　广东茶园常见杂草名录

表附2-1　广东茶园常见恶性杂草名录

序号	种名	科名	拉丁学名
1	菝葜	百合科	*Smilax china* Linn.
2	叶下珠	大戟科	*Phyllanthus urinaria* Linn.
3	决明	豆科	*Cassia tora* Linn
4	鸡血藤	豆科	*Spatholobus suberectus* Dunn
5	半边旗	凤尾蕨科	*Pteris semipinnata* Linn.
6	华南毛蕨	金星蕨科	*Cyclosorus parasiticus*（Linn.）Farwell.
7	白茅	禾本科	*Imperata cylindrica*（Linn.）Beauv.
8	五节芒	禾本科	*Miscanthus floridulus*（Lab.）Warb. ex Schum. et Laut.
9	地桃花	锦葵科	*Urena lobata* Linn.
10	黄花稔	锦葵科	*Sida acuta* Burm. f.
11	乌蔹莓	葡萄科	*Cayratia japonica*（Thunb.）Gagnep.
12	粗叶悬钩子	蔷薇科	*Rubus alceaefolius* Poir.
13	锈毛莓	蔷薇科	*Rubus reflexus* Ker.
14	苦蘵	茄科	*Physalis angulata* Linn.
15	龙葵	茄科	*Solanum nigrum* Linn.
16	篱栏网	旋花科	*Merremia hederacea*（Burm.f.）Hallier f.
17	毛牵牛	旋花科	*Ipomoea biflora*（Linn.）Pers
18	牵牛	旋花科	*Pharbitis nil*（Linn.）Choisy
19	苎麻	荨麻科	*Boehmeria nivea*（Linn.）Gaudich.
20	鬼针草	菊科	*Bidens pilosa* Linn.
21	小蓬草	菊科	*Conyza canadensis*（Linn.）Cronq.
22	阔叶丰花草	茜草科	*Borreria latifolia*（Aubl.）K. Schum.
23	喜旱莲子草	苋科	*Alternanthera philoxeroides*（Mart.）Griseb.

表附2-2　广东茶园常见普通杂草名录

序号	种名	科名	拉丁学名
1	车前	车前科	*Plantago asiatica* Linn.
2	弓果黍	禾本科	*Cyrtococcum patens*（Linn.）A. Camus.
3	狗尾草	禾本科	*Setaria viridis*（Linn.）Beauv.
4	光头稗	禾本科	*Echinochloa colonum*（Linn.）Link.
5	马唐	禾本科	*Digitaria sanguinalis*（Linn.）Scop.
6	牛筋草	禾本科	*Eleusine indica*（Linn.）Gaertn.
7	竹叶草	禾本科	*Oplismenus compositus*（Linn.）Beauv.
8	一点红	菊科	*Emilia sonchifolia*（Linn.）DC.
9	艾蒿	菊科	*Artemisia argyi* Levl. et Van
10	黄鹌菜	菊科	*Youngia Japonica*（Linn.）DC.
11	藿香蓟	菊科	*Ageratum conyzoides* Linn.
12	假臭草	菊科	*Praxelis clematidea*（Griseb.）R. M. King et H. Rob.
13	蟛蜞菊	菊科	*Sphagneticola calendulacea*（Linn.）Pruski
14	野茼蒿	菊科	*Crassocephalum crepidioides*（Benth.）S. Moore
15	狗肝菜	爵床科	*Dicliptera chinensis*（Linn.）Juss.
16	火炭母	蓼科	*Polygonum chinense* Linn.
17	长鬃蓼	蓼科	*Polygonum longisetum* De Br.
18	积雪草	伞形科	*Centella asiatica*（Linn.）Urban
19	天胡荽	伞形科	*Hydrocotyle sibthorpioides* Lam.
20	香附子	莎草科	*Cyperus rotundus* Linn.
21	焯菜	十字花科	*Rorippa indica*（Linn.）Hiern.
22	马松子	梧桐科	*Melochia corchorifolia* Linn.
23	皱果苋	苋科	*Amaranthus viridis* Linn.
24	母草	玄参科	*Lindernia crustacea*（Linn.）F. Muell
25	野甘草	玄参科	*Scoparia dulcis* Linn.
26	饭包草	鸭跖草科	*Commelina bengalensis* Linn.
27	鸭跖草	鸭跖草科	*Commelina communis* Linn.
28	地菍	野牡丹科	*Melastoma dodecandrum* Lour.
29	酢浆草	酢浆草科	*Oxalis corniculata* Linn.

附录3　茶园适宜绿肥种类推荐

表附3-1　茶园适宜间作绿肥植物

夏季绿肥	种植时间	冬季绿肥	种植时间
茶肥1号（茳芒决明） *Senna sophera*（Linn.）Roxb.	4月下旬至5月中旬	毛叶苕子 *Vicia villosa* Roth.	10月中、下旬
圆叶决明 *Chamaecrista rotundifolia*（Pers.）Greene	5月上、中旬	光叶苕子 *Vicia villosa* Roth var. *glabresens* Koch	10月中、下旬
乌豇豆 *Vigna cylindrica*（Linn.）Skeels	4月下旬至5月上旬	紫云英 *Astragalus sinicus* Linn.	10月中、下旬
印度豇豆 *Vigna sesquipedalis*	5月中旬	黄花苜蓿 *Medicago falcata* Linn.	10月上旬
大叶猪屎豆 *Crotalaria assamica* Benth.	5月上、中旬	黑麦草 *Lolium perenne* Linn.	9月下旬
饭豆（眉豆） *Lablab purpureus*（Linn.）Sweet	4月下旬至5月上旬	箭筈豌豆 *Vicia sativa* Linn.	10月中、下旬
田菁 *Sesbania cannabina*（Retz.）Poir.	4月下旬至5月中旬		
金钱草 *Lysimachia christinae* Hance	4月下旬至5月中旬		
艾草 *Artemisia argyi* Levl. et Van	3月下旬至4月中旬		